Python 程序设计

主　审　张宏彬　朱　存
主　编　郭　静　王　超
副主编　张　亮　钱勤红
参　编　李莉莉　宋　菁　唐苏旭
　　　　张　展　徐　浩　刘为之

北京理工大学出版社
BEIJING INSTITUTE OF TECHNOLOGY PRESS

内 容 简 介

本书内容全面且实用，内容覆盖了从 Python 基础到高级应用的广泛领域，旨在帮助读者系统地掌握 Python 编程技能，提升实际应用能力。

全书内容分为两大部分：Python 基础和 Python 高级应用。

Python 基础部分：

以“校园一卡通系统”的设计与开发项目为实践主线，循序渐进地介绍 Python 开发环境、基础语法、分支结构和选择结构、组合数据类型（列表、元组、集合和字典等）、函数、面向对象编程，以及文件操作等核心知识点。在内容划分上，将完整的复杂项目分解为 7 个具体任务，每个任务安排知识储备环节，通过多个实用性和趣味性较强的案例巩固知识技能点，之后实现任务的完整代码，最后通过拓展案例进行提升，最终培养学生编写实际应用程序的能力。

Python 高级应用部分：

此部分精心设计了 5 个实际任务，全面展示了 Python 在数据处理、游戏编程、机器学习、网络爬虫等领域的广泛应用。通过这些任务，读者可以了解 Python 计算生态，以及相关领域的前沿技术和实用工具，让读者在解决实际问题的过程中，加深对 Python 编程的理解和应用能力。

本书注重弱化烦琐的理论讲解，更加侧重于将理论知识付诸实践的过程。通过分解复杂项目为具体任务，结合实用性和趣味性较强的案例，最终培养学生编写实际应用程序的能力。本书既可作为高等职业院校 Python 程序设计相关课程的教材，也可作为 Python 编程爱好者的自学参考书籍。

版权专有　侵权必究

图书在版编目（CIP）数据

Python 程序设计 / 郭静，王超主编. -- 北京 ：北京理工大学出版社，2024. 10（2025. 1 重印）.

ISBN 978-7-5763-4522-3

Ⅰ. TP312. 8

中国国家版本馆 CIP 数据核字第 2024EM0332 号

责任编辑：王玲玲　　**文案编辑**：王玲玲
责任校对：刘亚男　　**责任印制**：施胜娟

出版发行 / 北京理工大学出版社有限责任公司
社　　址 / 北京市丰台区四合庄路 6 号
邮　　编 / 100070
电　　话 / (010) 68914026（教材售后服务热线）
　　　　　 (010) 63726648（课件资源服务热线）
网　　址 / http://www. bitpress. com. cn

版 印 次 / 2025 年 1 月第 1 版第 2 次印刷
印　　刷 / 涿州市新华印刷有限公司
开　　本 / 787 mm×1092 mm　1/16
印　　张 / 15. 25
字　　数 / 340 千字
定　　价 / 51. 00 元

图书出现印装质量问题，请拨打售后服务热线，负责调换

前言

党的二十大报告指出，要加快建设网络强国、数字中国。习近平总书记深刻指出，加快数字中国建设，就是要适应我国发展新的历史方位，全面贯彻新发展理念，以信息化培育新动能，用新动能推动新发展，以新发展创造新辉煌。Python 编程语言作为当前信息技术领域最为热门的编程工具之一，以其简洁、高效、易学的特点，广泛应用于人工智能、大数据分析、云计算、区块链等前沿技术领域，这些领域正是推动网络强国和数字中国建设的核心驱动力。教材编写团队深入学习党的二十大精神，贯彻落实习近平总书记的重要指示要求，精心编写了这本《Python 程序设计》教材，旨在培养更多掌握 Python 编程技能的复合型人才，为数字中国建设提供坚实的人才支撑。

本书旨在为读者提供一个从入门到精通的 Python 学习路径。在内容选取和设计上，我们充分考虑了学习者的实际需求和学习习惯，力求做到理论与实践相结合，既注重基础知识的巩固，又强调高级应用技能的培养。

全书内容分为两大部分：Python 基础和 Python 高级应用。

在第一部分 Python 基础中，我们以“校园一卡通系统”的设计与开发为实践主线，通过具体任务和案例，循序渐进地引导读者逐步掌握 Python 的核心语法和编程技巧。以项目为导向的教学方法，不仅可以有效激发读者的学习兴趣，还能帮助读者在实践中不断提升编程能力。在 Python 基础部分，共划分为 7 个任务：

任务一 Python 开发环境搭建，主要介绍 Python 解释器以及第三方开发环境 PyCharm 的下载、安装和配置，为项目开发做好准备。此任务中，通过案例“人生苦短，我用 Python!”练习开发环境的基本使用，并通过“打印一卡通封面”的拓展案例进一步巩固提高。

任务二设计一卡通系统用户菜单，在 Python 语法格式、标识符和变量、输入和输出、基本数据类型、运算符和表达式、字符串等知识储备的基础上，实现一卡通系统用户菜单的设计，通过“机智的小猫”“电池充电过程显示”等趣味案例巩固知识点，并通过案例“文章编辑与格式化”进行拓展提高。

任务三一卡通系统功能模块的设计，将在知识储备中介绍 if 语句、while 循环和 for 循环，以及 break 和 continue 控制语句等知识点，通过“图书馆借书流程模拟”“超市购物结算模拟”“猜电影院座位号”等实用性案例巩固知识点，并通过“文字冒险游戏”拓展案例实现知识技能的提高。

任务四校园一卡通系统用户管理模块，将使用组合数据类型存储用户数据。在知识储备中，学习列表、元组、集合和列表的使用方法，通过“学习小组随机分配”“毕业答辩评分系统”“统计程序设计大赛中的满分同学数量”“图书借阅管理系统”等实用案例巩固知识点，并通过“党的二十大报告关键词出现频率统计”案例进行拓展提高。

任务五校园一卡通系统功能封装，将使用函数实现系统的功能封装，涵盖函数的定义和调用、函数参数和返回值、递归函数和匿名函数等知识点，通过趣味案例“随机名字生成器”“生成迷宫地图”进行知识点的巩固，并通过“图书管理系统”案例进行拓展提高。

任务六使用面向对象实现校园一卡通系统功能，将使用面向对象思想编程实现一卡通功能。知识储备中介绍类定义、对象的创建、构造方法、对象的成员，以及面向对象的三大基本特征：封装、继承和多态等知识点，通过“在线电影票务系统”“在线动物园门票预订系统”案例巩固知识点，并通过“智能家电控制系统”案例进行拓展提高。

任务七校园一卡通系统信息存储，本任务将通过文件实现用户数据的存储。知识储备中，介绍文件的打开和关闭、文件的读写方法、os 库的常用方法等知识点，通过“简易日志记录器”案例进行知识点的巩固，最后通过“文件夹管理助手”案例进行拓展提高。

在第二部分 Python 高级应用中，通过精心设计的实际任务，全面展示 Python 在数据处理、游戏编程、机器学习、网络爬虫等领域的广泛应用。这些任务不仅涵盖了 Python 编程的高级特性，还引入了相关领域的前沿技术和实用工具，旨在让读者在解决实际问题的过程中，加深对 Python 编程的理解和应用能力。Python 高级应用部分包含 5 个具体任务：

任务八期末考试成绩统计分析，涉及 NumPy 数据处理、Pandas 库、Matplotlib 库基本使用方法，通过“学生课程成绩趋势分析”案例进行拓展提高。

任务九小鱼逃生（Fishy Escape），将使用 Pygame 库实现任务功能，通过“水果接力赛”案例进行拓展提高。

任务十党的二十大报告关键词词云图，将使用中文分词工具 jieba、词云 WordCloud 库来实现，通过“《西游记》人物出场次数统计词云图”案例进行拓展提高。

任务十一手写数字识别，通过此任务可以了解机器学习、监督学习算法、无监督学习算法、MNIST 数据集与逻辑回归、卷积神经网络等知识，通过“手写数字识别模型的构建与训练”案例进行拓展提高。

任务十二豆瓣读书 Top250 爬虫，通过本任务了解网络爬虫的基本工作原理、requests 库的基本用法、数据解析技术等知识点，以及 Scrapy 框架的使用方法，通过“宋词三百首诗文信息爬虫”案例进行拓展提高。

相信通过本书的学习，读者将能够熟练掌握 Python 编程的基本技能，并在数据处理、游戏编程、机器学习、网络爬虫等领域取得显著进步。无论是对于正在学习 Python 的初学者，还是希望进一步提升编程能力的进阶者，本书都将是您不可或缺的学习伙伴。让我们携手共进，共同探索 Python 编程的无限魅力吧！

本书由郭静、王超主编，张亮、钱勤红副主编，参编人员包括李莉莉、宋菁、唐苏旭、张展，以及企业工程师徐浩、刘为之等，校企合作企业有中软国际有限公司扬州分公司和扬州耐拓软件有限责任公司，此外，本书编写过程中还得到了常富荣、薛娟等老师们的帮助。

本书配有电子课件、课后习题答案、每个任务的案例代码、任务实现代码、拓展案例代码，以方便教学和自学参考使用。由于时间仓促，书中难免存在不妥之处，请读者批评指正（请发送邮件到 guojing@ ypi. edu. cn），并提出宝贵意见和建议。

编　　者

目录

第一部分　Python 基础

任务一　Python 开发环境搭建 …… 3
任务目标 …… 3
任务分析 …… 3
知识储备 …… 4
1.1　Python 语言概述 …… 4
1.1.1　Python 语言发展史 …… 4
1.1.2　Python 的应用领域 …… 5
1.2　Python 开发环境介绍 …… 6
1.2.1　Python 解释器 …… 6
1.2.2　第三方集成开发工具 PyCharm …… 6
任务实现 …… 7
案例 1-1　“人生苦短，我用 Python!” …… 12
拓展案例　打印一卡通封面 …… 16
任务总结 …… 17
任务评价 …… 17
课后习题 …… 17
任务二　设计一卡通系统用户菜单 …… 19
任务目标 …… 19
任务分析 …… 19
知识储备 …… 20
2.1　语法格式 …… 20

2.1.1 行和缩进 …… 20
2.1.2 注释 …… 21
2.1.3 多行语句 …… 21
2.2 标识符和变量 …… 22
2.2.1 标识符和关键字 …… 22
2.2.2 变量 …… 22
2.3 输入和输出 …… 23
2.3.1 输入函数 input( ) …… 23
2.3.2 输出函数 print( ) …… 24
2.3.3 格式化输出 …… 24
案例 2-1 机智的小猫 …… 26
2.4 基本数据类型 …… 27
2.4.1 数据类型 …… 27
2.4.2 进制转换函数 …… 28
2.4.3 数字类型转换函数 …… 28
2.5 运算符和表达式 …… 29
2.5.1 算术运算符 …… 29
2.5.2 赋值运算符 …… 30
2.5.3 比较运算符 …… 30
2.5.4 逻辑运算符 …… 31
2.5.5 成员运算符 …… 31
2.5.6 身份运算符 …… 32
2.5.7 位运算符 …… 32
2.5.8 运算符优先级 …… 33
案例 2-2 根据距离和时间计算平均速度 …… 33
2.6 字符串 …… 34
2.6.1 字符串介绍 …… 34
2.6.2 访问字符串中的值 …… 35
2.6.3 字符串内建函数 …… 35
案例 2-3 电池充电过程显示 …… 38
任务实现 …… 40
拓展案例 文章编辑与格式化 …… 41
任务总结 …… 42
任务评价 …… 42
课后习题 …… 43

任务三　一卡通系统功能模块的设计 …… 45
任务目标 …… 45
任务分析 …… 45
知识储备 …… 46
3.1　分支结构 …… 46
3.1.1　if 语句 …… 46
案例 3-1　图书馆借书流程模拟 …… 50
案例 3-2　超市购物结算模拟 …… 51
3.2　循环结构 …… 53
3.2.1　条件循环：while 循环 …… 53
3.2.2　遍历循环：for 循环 …… 54
3.2.3　循环控制 …… 55
案例 3-3　猜电影院座位号 …… 56
任务实现 …… 58
拓展案例　文字冒险游戏 Python Adventure Island …… 61
任务总结 …… 64
任务评价 …… 64
课后习题 …… 65
任务四　校园一卡通系统用户管理模块 …… 67
任务目标 …… 67
任务分析 …… 67
知识储备 …… 68
4.1　列表（List） …… 68
4.1.1　列表的创建 …… 68
4.1.2　列表元素的访问 …… 69
4.1.3　列表的常见操作 …… 70
4.1.4　列表元素的排序 …… 73
4.1.5　列表的嵌套 …… 74
案例 4-1　学习小组随机分配 …… 74
案例 4-2　毕业答辩评分系统 …… 75
4.2　元组（Tuple） …… 77
4.2.1　定义元组（Tuple） …… 77
4.2.2　访问元组元素的方法 …… 77
案例 4-3　统计程序设计大赛中的满分同学数量 …… 78
4.3　集合(Set) …… 79

4.3.1 集合的基本概念 …… 79
4.3.3 集合的基本操作 …… 80
4.4 字典（Dict） …… 80
4.4.1 字典的基本概念 …… 80
4.4.2 字典的基本操作 …… 81
案例 4-4 图书借阅管理系统 …… 84
任务实现 …… 86
拓展案例 党的二十大报告关键词出现频率统计 …… 94
任务总结 …… 96
任务评价 …… 96
课后习题 …… 97
任务五 校园一卡通系统功能封装 …… 99
任务目标 …… 99
任务分析 …… 99
知识储备 …… 100
5.1 函数的定义和调用 …… 100
5.1.1 函数的定义 …… 100
5.1.2 函数的调用 …… 101
5.1.3 函数的嵌套 …… 102
案例 5-1 随机名字生成器 …… 103
5.2 函数参数和返回值 …… 105
5.2.1 函数参数的传递 …… 105
5.2.2 函数的返回值 …… 107
案例 5-2 生成迷宫地图 …… 109
5.3 递归函数和匿名函数 …… 110
5.3.1 递归函数 …… 110
5.3.2 匿名函数 …… 111
任务实现 …… 111
拓展案例 图书馆管理系统 …… 116
任务总结 …… 121
任务评价 …… 121
课后习题 …… 121
任务六 使用面向对象实现校园一卡通系统功能 …… 123
任务目标 …… 123
任务分析 …… 123

知识储备 …… 124
6.1 类和对象 …… 124
6.1.1 类的定义 …… 124
6.1.2 对象的创建及使用 …… 125
6.1.3 构造方法 …… 125
6.1.4 对象的成员 …… 126
案例6-1 在线电影票务系统 …… 129
6.2 封装、继承和多态 …… 131
6.2.1 封装 …… 131
6.2.2 继承 …… 132
6.2.3 多态 …… 133
案例6-2 在线动物园门票预订系统 …… 134
任务实现 …… 136
拓展案例 智能家电控制系统 …… 142
任务总结 …… 145
任务评价 …… 145
课后习题 …… 146
任务七 校园一卡通系统信息存储 …… 148
任务目标 …… 148
任务分析 …… 148
知识储备 …… 148
7.1 文件的打开和关闭 …… 149
7.1.1 打开文件 …… 149
7.1.2 关闭文件 …… 150
7.2 文件的读写方法 …… 150
7.2.1 写文件 …… 150
7.2.2 读文件 …… 151
7.3 os库的常用方法 …… 152
案例7-1 简易日志记录器 …… 153
7.4 shutil库的常用方法 …… 155
任务实现 …… 156
拓展案例 文件夹管理助手 …… 164
任务总结 …… 167
任务评价 …… 167
课后习题 …… 167

第二部分　Python 高级应用

任务八　期末考试成绩统计分析 …… 171
任务目标 …… 171
任务分析 …… 171
知识储备 …… 172
8.1　NumPy 数据处理 …… 172
8.2　Pandas 库 …… 172
8.3　Matplotlib 库 …… 173
任务实现 …… 173
拓展案例　学生课程成绩趋势分析 …… 176
任务总结 …… 179
任务评价 …… 179
课后习题 …… 179
任务九　小鱼逃生（Fishy Escape） …… 181
任务目标 …… 181
任务分析 …… 181
知识储备 …… 181
9.1　Pygame 库 …… 181
9.1.1　Pygame 的优势 …… 182
9.1.2　Pygame 生态 …… 182
9.2　安装 Pygame …… 182
9.2.1　使用 pip 安装 …… 182
9.2.2　验证安装 …… 182
任务实现 …… 183
拓展案例　水果接力赛 …… 186
任务总结 …… 191
任务评价 …… 191
课后习题 …… 191
任务十　党的二十大报告关键词词云图 …… 193
任务目标 …… 193
任务分析 …… 193
知识储备 …… 193
10.1　中文分词工具 jieba …… 193

10.2 词云——WordCloud库 …… 194
任务实现 …… 194
拓展案例 《西游记》人物出场次数统计词云图 …… 198
任务总结 …… 201
任务评价 …… 201
课后习题 …… 201
任务十一 手写数字识别 …… 203
任务目标 …… 203
任务分析 …… 203
知识储备 …… 204
11.1 机器学习基础 …… 204
11.2 监督学习算法 …… 204
11.3 无监督学习算法 …… 204
11.4 MNIST数据集与逻辑回归 …… 204
11.4.1 MNIST数据集 …… 204
11.4.2 逻辑回归 …… 205
11.4.3 scikit-learn库 …… 205
11.5 卷积神经网络（CNN） …… 205
11.5.1 CNN概述 …… 205
11.5.2 TensorFlow和Keras …… 205
任务实现 …… 205
拓展案例 手写数字识别模型的构建与训练 …… 207
任务总结 …… 210
任务评价 …… 210
课后习题 …… 210
任务十二 豆瓣读书Top250爬虫 …… 213
任务目标 …… 213
任务分析 …… 213
知识储备 …… 214
12.1 网络爬虫的基本工作原理 …… 214
12.1.1 什么是网络爬虫 …… 214
12.1.2 网络爬虫的基本工作流程 …… 214
12.1.3 网络爬虫合法性探究 …… 214
12.2 requests库 …… 215
12.3 数据解析技术 …… 216

12. 3. 1 XPath 与 LXML 解析库 …… 216
12. 3. 2 BeautifulSoup …… 219
12. 3. 3 JSONPath 与 JSON 库 …… 220
12. 4 Scrapy 框架 …… 220
任务实现 …… 222
拓展案例 宋词三百首诗文信息爬虫 …… 224
任务总结 …… 228
任务评价 …… 229
课后习题 …… 229

第一部分　Python基础

任务一

Python开发环境搭建

任务目标

知识目标：

- 理解 Python 语言的发展历史，包括主要版本和重要特性的演变
- 了解 Python 在不同领域的应用
- 理解如何安装和配置 Python 解释器
- 熟悉常用第三方集成开发环境 PyCharm 的安装、配置和基本使用

技能目标：

- 能够独立下载、安装和配置 Python 解释器
- 能够独立安装和配置 PyCharm，并进行基本的配置和项目创建

素养目标：

- 具备独立解决 Python 开发环境配置中常见问题的能力
- 能够通过查阅官方文档、社区论坛或搜索引擎等渠道解决问题

任务分析

校园一卡通系统是一种方便学生在校园内进行消费、管理个人信息和实现多种功能的集成一卡解决方案。通过一卡通系统，学生可以方便地进行充值、消费、查询个人信息等操作，同时，管理员也可以通过管理端对卡片进行管理和监控。本项目旨在设计和开发一个功能完善、易于使用的校园一卡通系统，满足学生和管理员的需求。

校园一卡通系统分为学生端和管理端两个主要功能模块。学生端提供给学生使用，用于查询个人信息、充值、消费等操作；管理端提供给管理员使用，用于卡片管理、重置密码、禁用卡片等操作。具体包括：

- 提供学生端功能：个人信息查询、修改密码、充值、消费、报停、复通等。
- 提供管理端功能：开卡、卡片查询、重置密码、禁用卡片、解锁卡片、销卡等。

本任务中，通过“知识储备”了解 Python 概述及其开发环境的配置方法，为后续任务的代码实现做好准备。

知识储备

1.1 Python 语言概述

Python 是一种高级编程语言，它结合了解释性、编译性、互动性和面向对象的特性。Python 以其优雅、明确、简洁的设计哲学，以及清晰、干净、易读、易维护的语法，赢得了广大编程者的青睐。根据 2024 年 4 月的 TIOBE 编程排行榜，如图 1-1 所示，Python 荣登榜首，证明了其在编程领域的广泛认可。Python 的编程方式简单直接，尤其适合初学者，它让编程者能够更专注于编程逻辑，而非烦琐的语法细节。

← 2024 年 4 月编程语言排行榜

编程语言 ▾ TIOBE 4月 ▾

排名	编程语言	流行度	对比上月	年度明星
1	Python	16.41%	▲ 0.78%	2021, 2020
2	C	10.21%	▼ -0.96%	2019, 2017
3	C++	9.76%	▼ -0.94%	2022, 2003
4	Java	8.94%	▼ -0.01%	2015, 2005
5	C#	6.77%	▼ -0.77%	2023
6	JavaScript	2.89%	▼ -0.49%	2014
7	Go	1.85%	▲ 0.29%	2016, 2009
8	Visual Basic	1.70%	▲ 0.28%	-
9	SQL	1.61%	▼ -0.31%	-
10	Fortran	1.47%	▲ 0.25%	-

图 1-1　2024 年 4 月编程语言排行榜

1.1.1 Python 语言发展史

Python 语言的发展历史可以追溯到 1989 年，由荷兰计算机科学家 Guido van Rossum（吉多·范·罗苏姆）在业余时间创造。他的初衷是设计一种简单易学、功能强大且易于维护的编程语言，以提高软件开发的效率。之所以选中 Python 作为该编程语言的名字，是因为 Guido van Rossum 是一个叫 Monty Python 的喜剧团体的爱好者。

Python 是一种独特且功能强大的编程语言，它具备以下显著的语言特性：

解释型语言：Python 采用解释执行的机制，这意味着在开发过程中，代码是直接被解释器读取并执行的，无须经历传统意义上的编译环节。这一特点使 Python 的开发过程更为灵活和便捷，类似于 PHP 和 Perl 等脚本语言。

交互式编程：Python 支持交互式编程模式，允许开发者在一个提示符“>>>”后直接输入并运行代码。这种即时反馈的编程方式极大地提高了开发效率，使开发者能够即时验证代码的正确性和效果。

面向对象编程：Python 是一种完全支持面向对象编程（OOP）的语言。在 Python 中，一切都可以被视为对象，包括数字、字符串、函数等。这种面向对象的编程风格有助于实现代码的模块化、可重用性和可扩展性，是复杂系统开发的重要基础。

适合初学者：Python 的语法简洁易懂，学习曲线平缓，非常适合初学者入门。此外，Python 拥有丰富的库和框架，支持广泛的应用程序开发，从简单的文本处理到复杂的网络应用，再到游戏开发等。这使 Python 成为初学者的理想选择，同时也深受专业开发者的喜爱。

1.1.2　Python 的应用领域

Python 作为一种功能强大的编程语言，因其简单易学、类库丰富、通用灵活、扩展性良好等优点受到了很多开发者的青睐，其主要的应用领域如下：

Web 开发：Python 在 Web 开发领域有广泛应用。框架如 Django 和 Flask 提供了快速开发和构建可扩展 Web 应用程序的能力。Python 的简洁语法和丰富的库使开发 Web 应用变得高效而简单。

数据科学和机器学习：Python 在数据科学和机器学习方面表现出色。库如 NumPy、Pandas 和 SciPy 提供了处理和分析数据的功能。而机器学习库如 Scikit-learn 和 TensorFlow 使构建和训练机器学习模型变得简单而高效。

科学计算和可视化：Python 在科学计算和可视化领域也很受欢迎。库如 Matplotlib 和 Seaborn 提供了绘制高质量图表和可视化数据的工具。同时，IPython 和 Jupyter Notebook 提供了交互式计算和展示数据的环境。

自动化和脚本编写：Python 被广泛用于自动化任务和脚本编写。其简单易读的语法和丰富的库使编写脚本和自动化任务变得方便而高效。它可以用于处理文件、执行系统命令、定时任务等。

网络编程：Python 在网络编程领域也有应用。它提供了各种库和模块，如 Requests 和 Socket，用于创建网络应用、进行网络通信和处理网络数据。

游戏开发：Python 在游戏开发中也有应用。库如 Pygame 提供了开发 2D 游戏的功能。同时，Python 也可以用作游戏脚本语言，用于游戏逻辑和自定义功能。

物联网（IoT）：Python 在物联网领域也有使用。它可以用于编写传感器数据收集、设备控制和物联网应用的后端逻辑。

除此之外，Python 在其他领域也有应用，如金融、数据库管理、网络安全等。Python 的易学性、丰富的库和强大的社区支持使它成为许多开发人员的首选语言。

1.2 Python 开发环境介绍

1.2.1 Python 解释器

Python 解释器是运行 Python 代码的核心组件。它将 Python 源代码转换为机器可以理解的指令，并执行代码。Python 解释器是一个跨平台的 Python 集成开发和学习环境，支持 Windows、UNIX，以及 macOS。在 Python 开发环境中，有交互式和文件式两种方式运行 Python 程序代码。

交互式：交互式是指 Python 解释器逐行接收 Python 代码并即时响应。在“开始”菜单中找到“Python 3.9”菜单目录并展开，如图 1-2 所示，选择“IDLE(Python 3.9 64-bit)”选项，启动 IDLE。

图 1-2　Python 3.9 开始菜单

文件式：又称批量式，是指 Python 代码先保存在文件中，再启动 Python 解释器批量解释代码。

1.2.2 第三方集成开发工具 PyCharm

除了使用 Python 解释器进行 Python 程序的开发之外，还有很多代码编辑器，或者第三方的集成开发工具，它们提供了代码编辑、调试、编译、运行，可以帮助开发者加快开发速度，提高效率，提供更好的开发体验和工作流程。以下是一些常用的 Python 集成开发环境：

- PyCharm：JetBrains 开发的功能强大的 Python IDE，提供了丰富的功能和工具，包括代码自动完成、调试器、单元测试等。
- Visual Studio Code：微软开发的轻量级代码编辑器，支持 Python 开发，并提供了丰富的插件生态系统。
- Jupyter Notebook：交互式的 Python 开发环境，适用于数据分析、可视化和演示等任务。

- Spyder：基于 Qt 开发的 Python IDE，专注于科学计算和数据分析，集成了 IPython 控制台和其他实用工具。
- IDLE：Python 官方提供的简单的集成开发环境，适合初学者和简单的脚本开发。

PyCharm 是一款功能强大的 Python 编辑器，具有跨平台性，本教材选择 PyCharm 作为开发工具。

任务实现

1. Python 解释器的下载及安装

在 Python 官网可以下载 Python 解释器，下面介绍如何在 Windows 环境下安装和配置 Python。

1）下载安装包

登录 Python 官网 https://www.python.org/download/，选择 windows 类型后，下载 Python 文档。

2）安装 Python

双击安装文件 python-3.9.13-amd64.exe，进入安装页面，如图 1-3 所示，勾选下方的 “Add Python 3.9 to PATH”，并选择 “Customize installation”。

图 1-3　Python 3.9 安装界面

然后开始进行安装，等待进度条。安装结束后，单击 “Close” 按钮，如图 1-4 所示。安装完成后，在 “开始” 菜单中找到 Python 的 IDLE 即可。

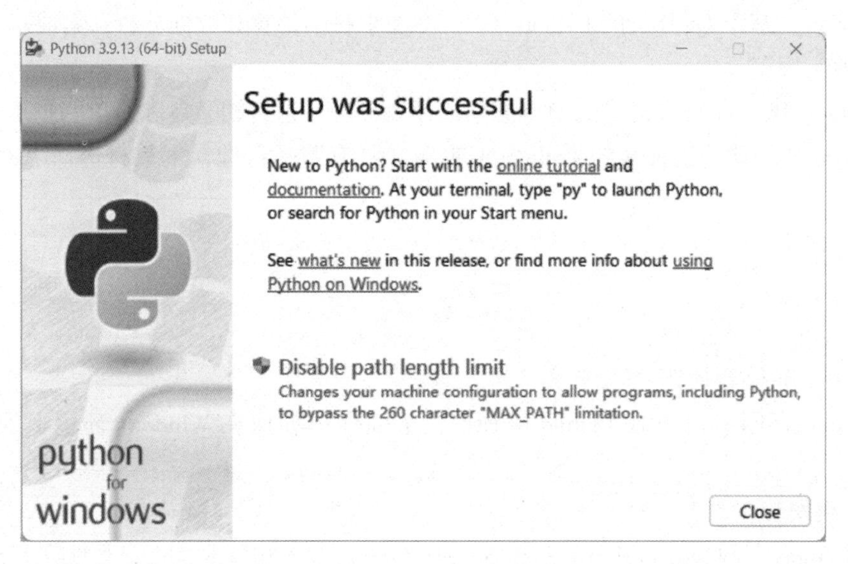

图 1-4　Python 3.9 安装完成界面

如果在安装时忘记了勾选“Add Python 3.9 to PATH”，用户可以自己配置环境变量。配置环境变量的过程如下：

(1) 选择“此电脑”，右击“属性”，在弹出的窗口中选择左侧的“高级系统设置”，进入“系统属性”对话框，如图 1-5 所示。

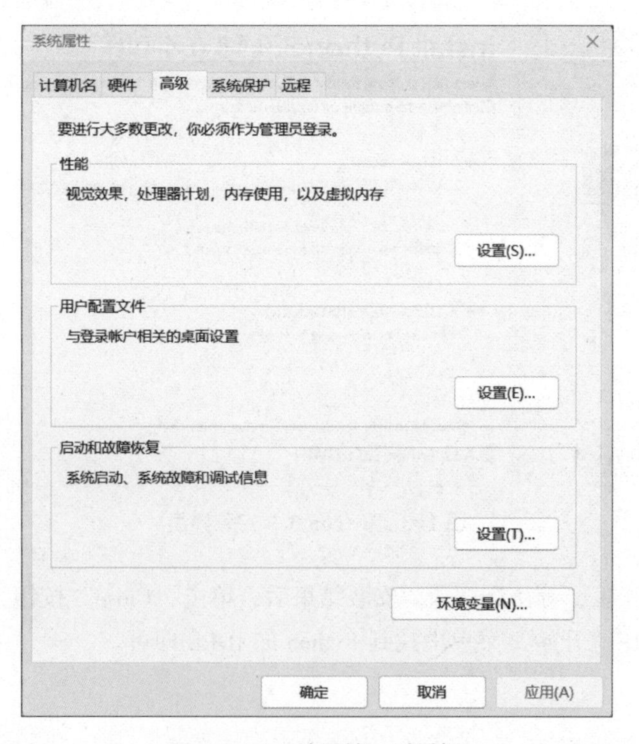

图 1-5　“系统属性”对话框

（2）在“高级”选项卡中单击“环境变量”按钮，进入“环境变量”对话框，如图 1-6 所示。

图 1-6 “环境变量”对话框

（3）在“环境变量”对话框中，选中“系统变量”中的“Path”，单击“编辑”按钮，进入“编辑环境变量”对话框，如图 1-7 所示。

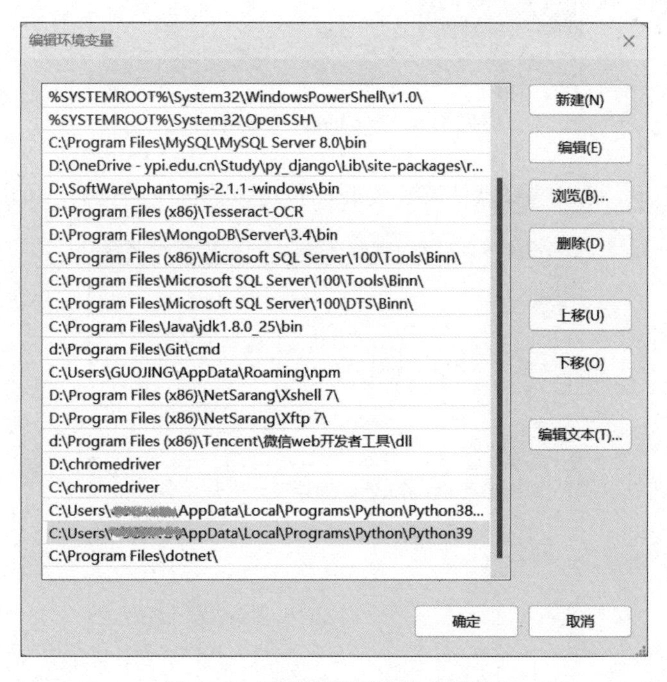

图 1-7 “编辑环境变量”对话框

（4）单击“新建”按钮，将所安装的 python 路径复制在“变量值”一栏，最后单击“确定”按钮，完成环境变量的配置。

环境变量配置成功后，在命令提示符窗口中输入“python”，系统将会显示安装的版本信息，表明 Python 安装并配置成功，如图 1-8 所示。

图 1-8　Python 版本信息

2. PyCharm 的下载和安装

访问 PyCharm 官网 https://www.jetbrains.com/pycharm/download/，下载 PyCharm 安装文件，下载完成后，双击安装程序，进入安装界面，如图 1-9 所示，单击“Next”按钮开始安装。

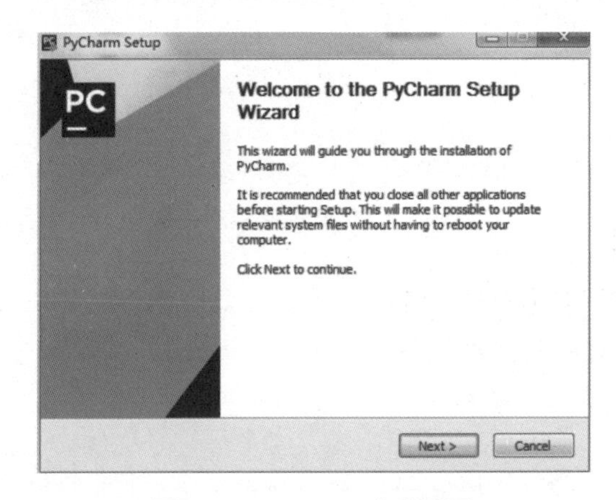

图 1-9　PyCharm 安装界面

进入下一步之后，可以选择默认路径安装，也可以修改安装路径，如图 1-10 所示。

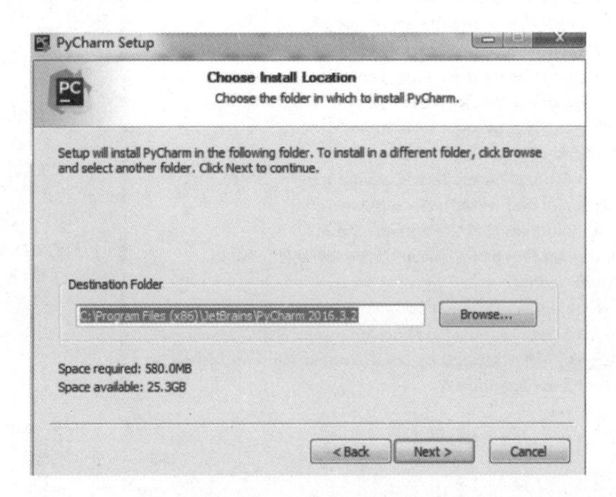

图 1-10　更改安装目录

在“Installation Options”界面中勾选需要的 options 选项，单击“Next”按钮，如图 1-11 所示。

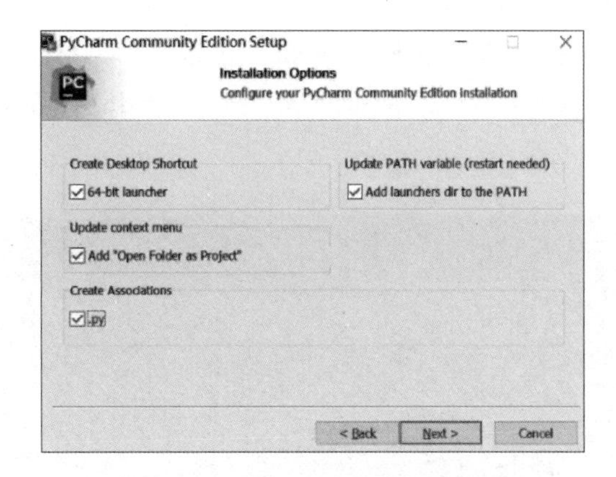

图 1-11　PyCharm 安装选项界面

单击“Install”按钮，完成安装，如图 1-12 所示。

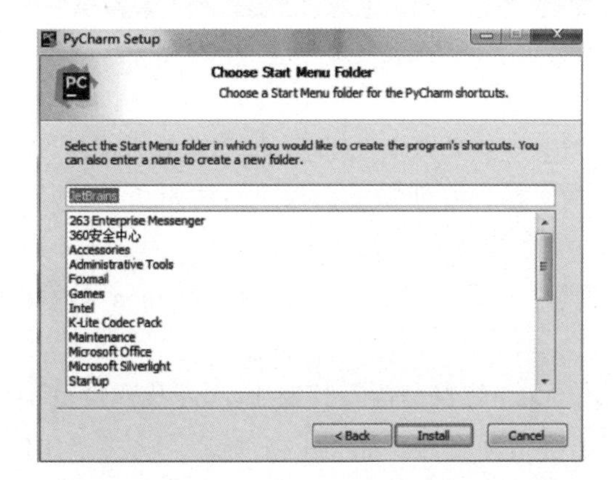

图 1-12　“Choose Start Menu Folder”界面

单击“Finish”按钮完成安装，如图 1-13 所示。

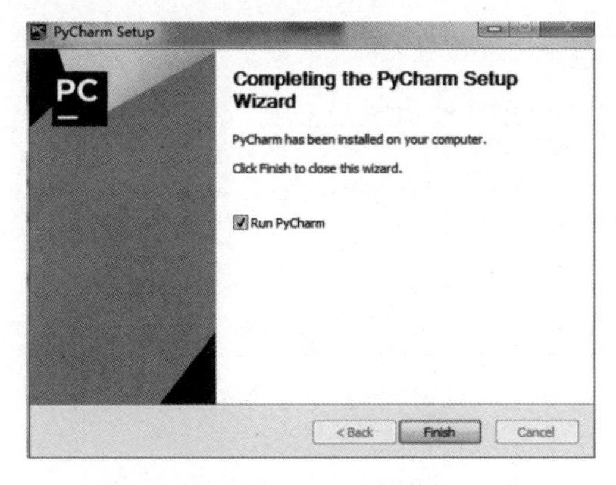

图 1-13　安装完成界面

完成 PyCharm 的安装后，可以通过“开始”菜单或桌面快捷方式打开并使用 PyCharm。

案例 1-1 “人生苦短，我用 Python!”

1. 在命令行窗口中输出“人生苦短，我用 Python!”

在命令行窗口中输入 python 语句：print("人生苦短,我用 Python!")，按 Enter 键得到如图 1-14 所示运行结果。

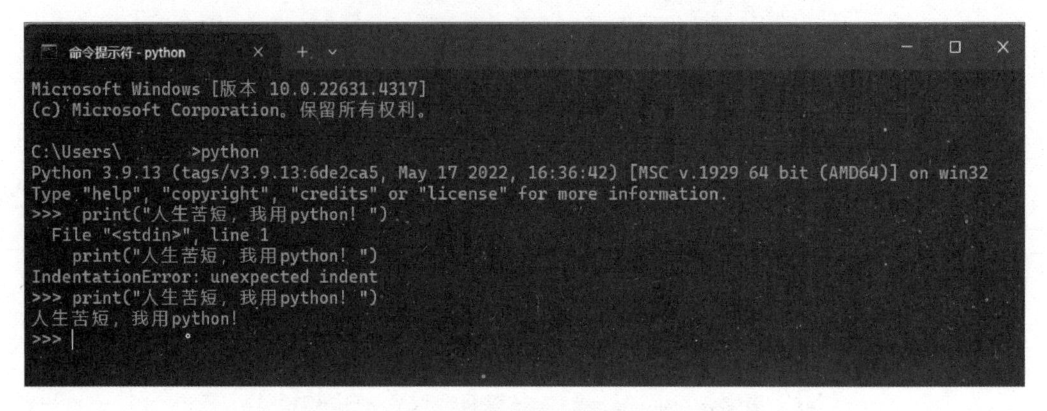

图 1-14 在命令提示行中运行 Python 程序

注意：不要在语句前加多余的空格，Python 有严格的缩进规则，通过缩进表示代码块，在不必要的时候不能随便加空格，否则程序会提示语法错误。

2. 在 IDLE 中输出“人生苦短，我用 Python!”

在 Python 集成开发环境中，有两种方式可以运行 Python 程序代码：一是交互式，二是文件式。

交互式：交互式是指 Python 解释器逐行接收 Python 代码并即时响应。在“开始”菜单中找到“Python 3.9”菜单目录并展开，如图 1-2 所示，选择“IDLE(Python 3.9 64-bit)”选项，启动 IDLE。

启动 IDLE 后，在“>>>”提示符后输入代码：print("人生苦短,我用 Python!")，按 Enter 键后出现运行结果，效果如图 1-15 所示。

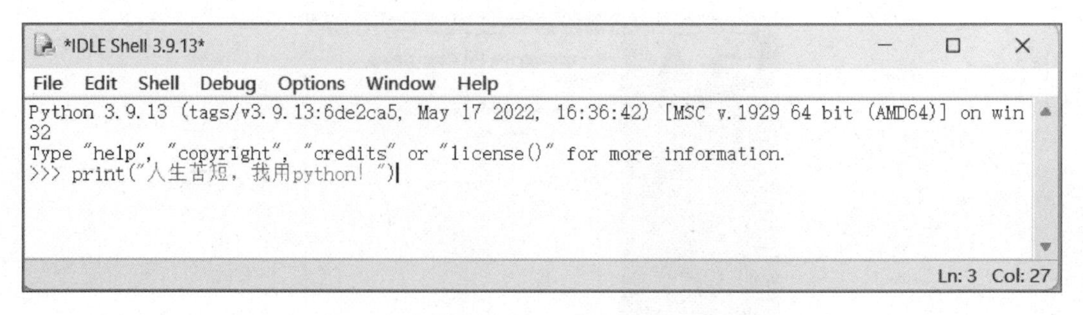

图 1-15 使用 IDLE 交互式执行 Python 程序

在 IDLE 菜单栏中打开“File”，选择“New File”，创建一个新文件，在文件编辑窗口中，输入之前代码，如图 1-16 所示。打开“File”菜单，选择“保存”命令，将代码以文件形式保存，命名为“hello. py”，此文件为 Python 语言的脚本文件。

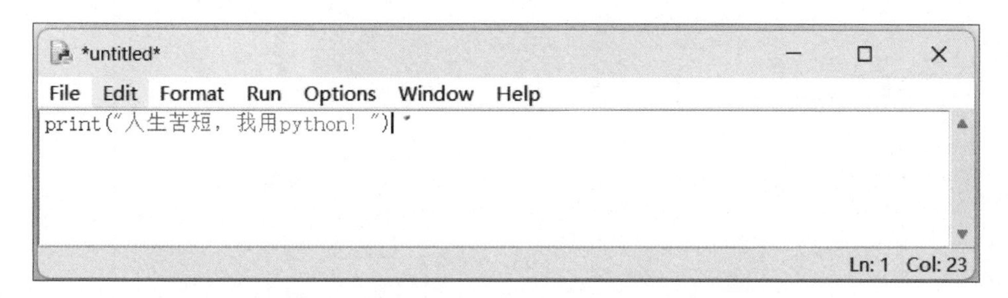

图 1-16　使用 IDLE 文件式执行 Python 程序

执行“Run”菜单中的“Run Module”命令，或直接按 F 快捷键，执行程序，如图 1-17 所示。

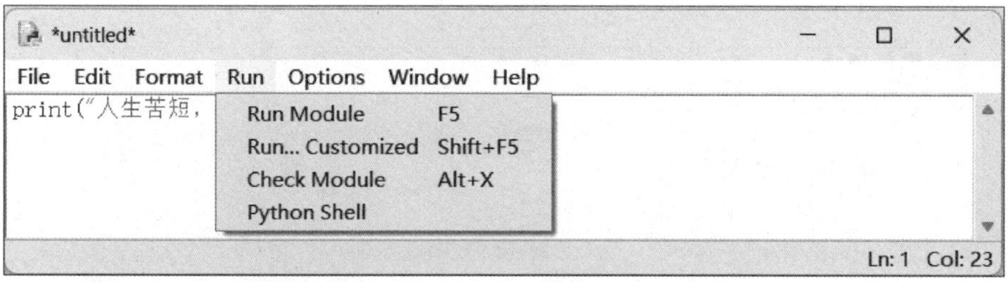

图 1-17　在 Python 文件中运行 Python 程序

执行结果将显示在 IDLE 界面中，如图 1-18 所示。

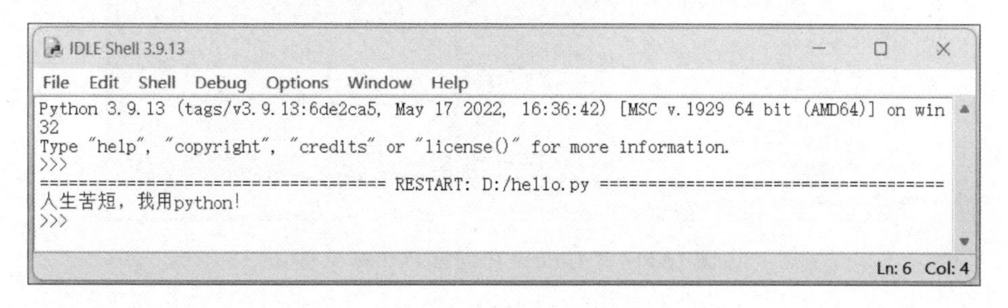

图 1-18　Python 程序文件运行结果

3. 在 PyCharm 中输出“人生苦短，我用 Python!”

打开 PyCharm 并创建工程 PycharmProjects，如图 1-19 所示。

右击工程名，选择“New”→“Python File”，创建 Python 文件，如图 1-20 所示。

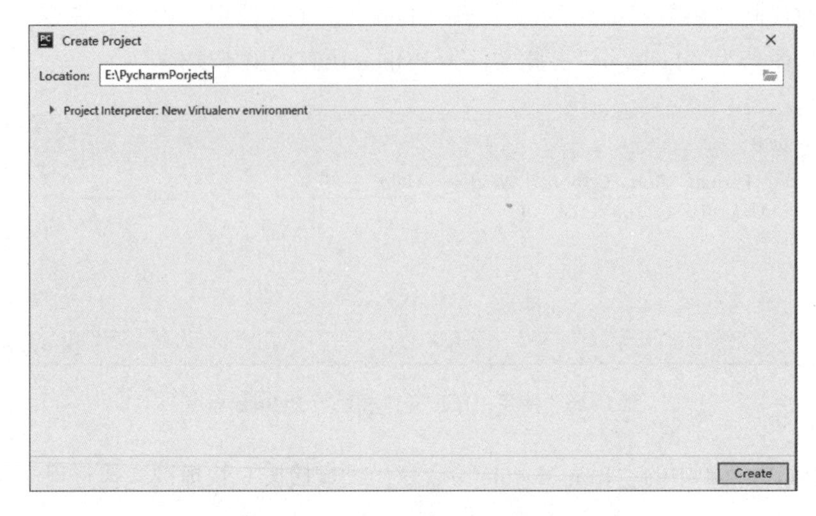

图 1-19　使用 PyCharm 创建工程

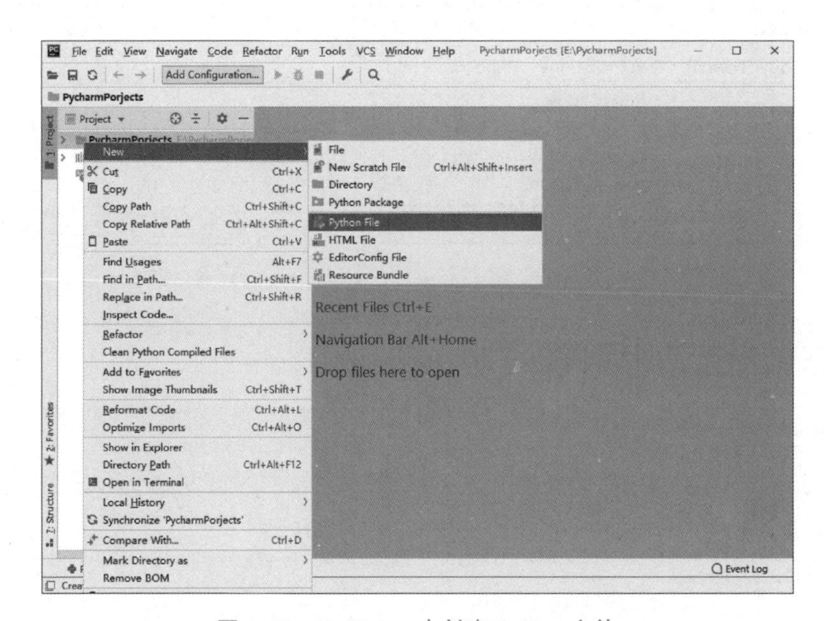

图 1-20　PyCharm 中创建 Python 文件

输入文件名“LovePython”，如图 1-21 所示，并按 Enter 键，文件创建成功。

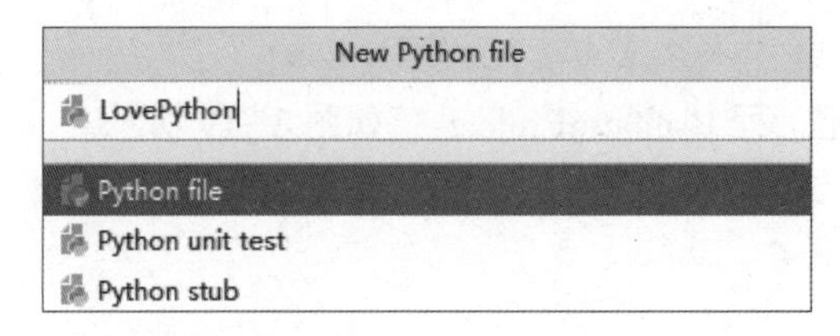

图 1-21　输入文件名

双击打开文件，并在编辑区编写代码，如图 1-22 所示。

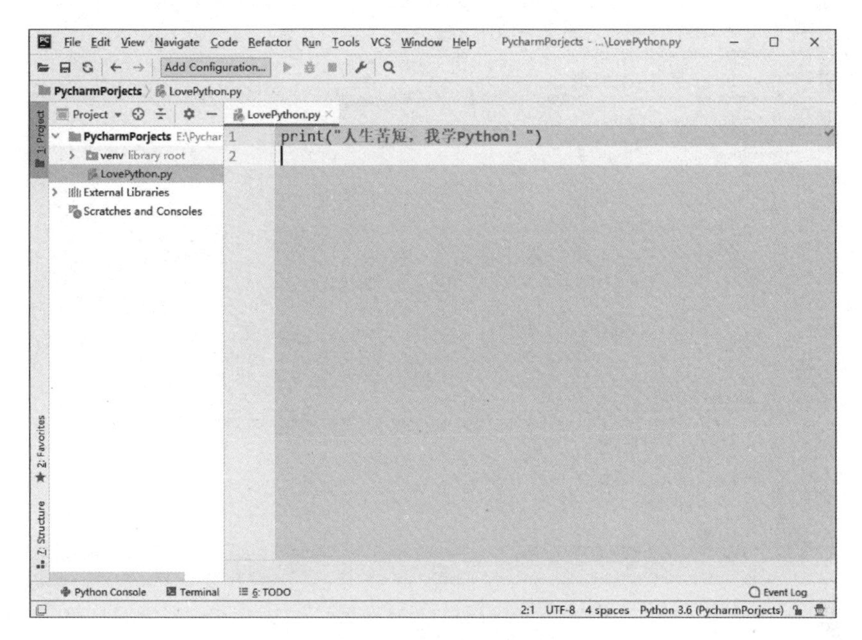

图 1-22　在文件中编辑代码

在文件菜单选择“Run”，或者在文件中右击，选择“Run”→“LovePython”运行程序，如图 1-23 所示。

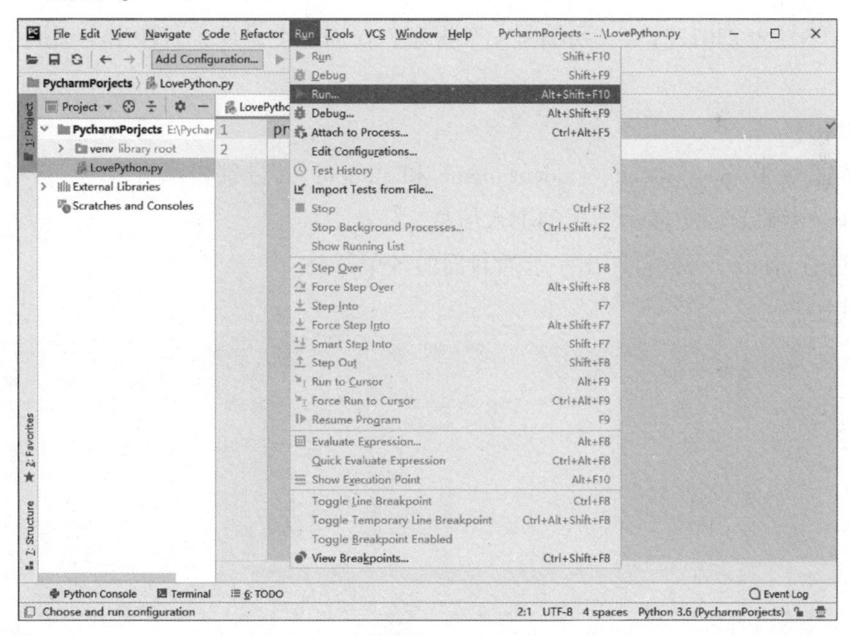

图 1-23　运行代码

在窗口下方查看程序运行结果，如图 1-24 所示。

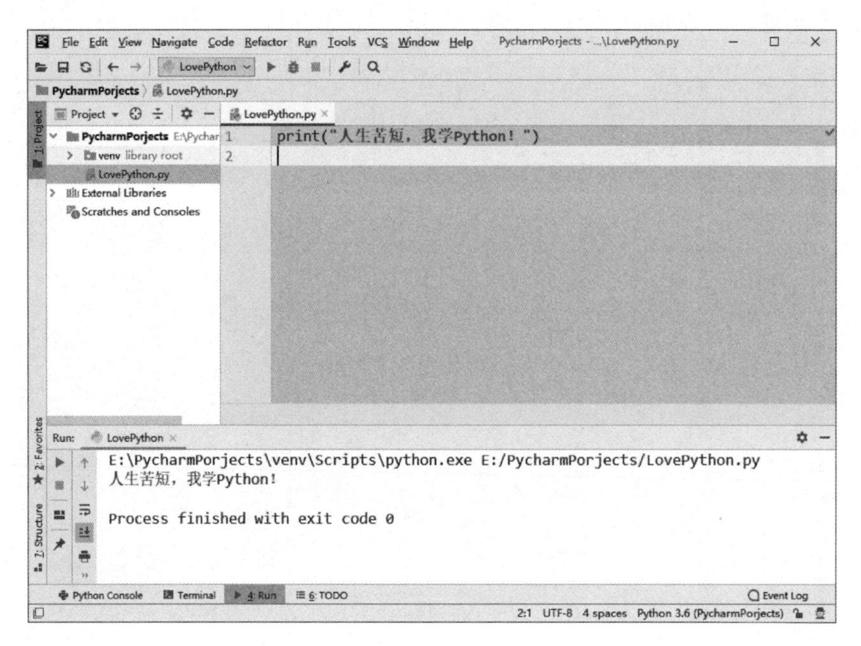

图 1-24 运行结果

拓展案例 打印一卡通封面

本案例要求打印一个学生一卡通的封面，假设有一个名为王珂的学生，他所在的班级是 2301 软件，学号为 230123112。要编写一个程序，根据以上设计，打印出王珂同学的一卡通封面信息。

案例分析：

（1）定义变量 class_name、student_name 和 student_id 分别表示班级名、学生姓名和学号，用于在一卡通封面中显示学生的个人信息。

（2）使用 print( ) 函数打印出一卡通封面的各个部分。

参考代码：

```
#校园一卡通封面信息
class_name="2301 软件"
student_name="王珂"
student_id="230123112"

#打印校园一卡通封面
print("******************************")
print(f"*    班级:{class_name}        ")
print(f"*    姓名:{student_name}      ")
print(f"*    学号:{student_id}        ")
print("******************************")
```

运行结果：

程序运行结果如图 1-25 所示。

```
******************************
*      班级：2301软件
*      姓名：王珂
*      学号：230123112
******************************
```

图 1-25 拓展案例运行结果

任务总结

本任务介绍了 Python 开发环境的搭建方法，包括 Python 解释器的下载与安装，以及常用的第三方集成开发环境 PyCharm 的下载与安装。通过案例实践，掌握分别使用 Python 解释器和 PyCharm 编辑并运行 Python 程序的方法。

任务评价

- 本任务提供了 Python 开发环境的选择指导，帮助初学者在 Python 环境下快速开启编程学习和实践。
- 通过案例实践，进一步巩固 Python 语法和基本编程概念的应用，为后续任务的学习打下坚实基础。

课后习题

一、选择题

1. Python 是一种（　　）。

A. 静态类型语言　　　　B. 动态类型语言

C. 汇编语言　　　　D. 机器语言

2. 以下不是 Python 官方推荐的 IDE（集成开发环境）的是（　　）。

A. PyCharm　　　　B. Visual Studio Code

C. Eclipse　　　　D. IDLE

3. 在 Windows 系统上安装 Python 后，默认的安装路径通常不包含（　　）文件夹。

A. Scripts　　B. Lib　　C. Docs　　D. Programs

4. 下列选项中，不是 Python 语言特点的是（　　）。

A. 简洁　　B. 开源　　C. 面向过程　　D. 可移植

5. 下列关于 Python 的说法中，错误的是（　　）。

A. Python 是从 ABC 发展起来的

B. Python 是一门高级计算机语言

C. Python 只能编写面向对象的程序

D. Python 程序的效率比 C 程序的效率低

二、思考题

1. 为什么配置 Python 开发环境对于学习 Python 编程至关重要?

2. 简述 Python 的特点。

三、实践题

1. 安装 Python 并配置环境变量。按照教材或官方文档指导，在自己的计算机上安装 Python，并确保环境变量配置正确，以便在命令行中直接运行 Python 命令。

2. 使用 PyCharm 创建一个简单的 Python 脚本。创建一个新的 Python 项目，并在项目中创建一个 Python 文件，编写一个简单的打印“Hello，World!”的程序。运行该程序并观察输出结果。

3. 探索 PyCharm 的基本功能，如代码编辑（语法高亮、自动补全）、代码调试（断点设置、单步执行）、项目管理（文件组织、依赖管理）等，并撰写一份简短的报告总结自己的发现和学习心得。

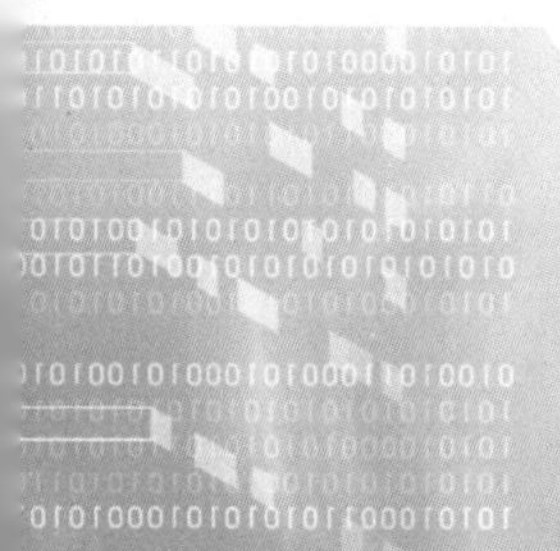

任务二

设计一卡通系统用户菜单

任务目标

知识目标：

- 掌握 Python 语言的基本语法，理解 Python 中的标识符和变量的概念
- 理解标识符的命名规则、关键字的识别以及变量的声明和赋值
- 掌握 Python 中的输入和输出功能，以及格式化输出的使用
- 理解 Python 中的基本数据类型，掌握 Python 中的运算符和表达式
- 熟悉 Python 中字符串的基本操作

技能目标：

- 能够编写简单的 Python 程序，接收用户输入并输出处理结果
- 能够根据需求选择合适的数据类型来存储和处理数据
- 能够使用运算符和表达式进行复杂的数学计算和逻辑判断
- 能够利用字符串操作函数实现文本数据处理

素养目标：

- 具备良好的编码风格和习惯，编写的代码便于他人理解和维护
- 能够通过调试和测试程序，处理可能出现的异常情况和边界条件
- 具有逻辑思维能力和问题解决能力，通过编写程序解决实际问题
- 能够通过查阅官方文档、社区论坛或搜索引擎等渠道解决问题

任务分析

在本任务中，需要设计一卡通系统的用户菜单，以方便用户与系统进行交互。用户菜单包括主菜单、学生菜单、管理员菜单，在主菜单中，选择登录角色，效果如下：

```
*****主菜单*****
1. 学生登录
2. 管理员登录
3. 退出
```

学生菜单是学生用户登录系统后，可以选择的功能，效果如下：

```
*****学生菜单*****
1.个人信息查询
2.修改密码
3.充值
4.消费
5.挂失
6.解锁
7.返回主菜单
8.退出系统
```

管理员菜单是管理员登录后，可以选择的功能，效果如下：

```
*****管理员菜单*****
1.开卡
2.卡片查询
3.重置密码
4.禁用卡片
5.解锁卡片
6.销卡
7.返回主菜单
8.退出系统
```

知识储备

2.1 语法格式

2.1.1 行和缩进

Python 和其他语言的最大区别之处在于，其他语言中缩进仅出于可读性的考虑，而 Python 的缩进是语法的组成之一。缩进相同的一组语句构成一个代码块，也称为代码组，if、while、def 和 class 这样的复合语句中的一行或多行代码就是代码组，Python 使用缩进来表示代码块，不使用大括号{}来控制，所有代码块语句必须包含相同数量的空格。

如以下实例的缩进使用四个空格：

```
if True:
    print("True")
else:
    print("False")
```

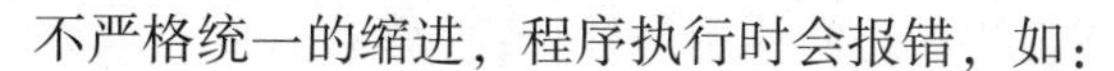

不严格统一的缩进，程序执行时会报错，如：

```
ifTrue:
    print("True")
else:
    print("No")
    #上一行是四个空格,下一行是2个空格,程序会报错:IndentationError:
  print("False")
```

2.1.2 注释

Python 的注释分为单行注释和多行注释，单行注释以“#”开头，可以单独一行显示，也可以写在语句之后，与要注释的代码在同一行，如：

```
#注释1
print("Hello,Python!")  #注释2
```

Python 中使用三对单引号''' 或双引号""" 表示多行注释，主要用于说明函数或类的功能。如：

```
'''
使用单引号的多行注释。
使用单引号的多行注释。
使用单引号的多行注释。
'''

"""
使用双引号的多行注释。
使用双引号的多行注释。
使用双引号的多行注释。
"""
```

2.1.3 多行语句

Python 每行语句一般不超过 79 个字符。若代码过长，可以选择换行显示，可以使用斜杠（\）将一行语句分为多行显示，如：

```
strings=string01+\
            string02+\
            string03
```

若语句中包含［］、{} 或()括号，则不需要使用多行连接符，如：

```
weeks=['Mon','Tue','Wed',
      'Thur','Fri','Sat','Sun']
```

此外，Pyhton 运行同一行显示多条语句，语句之间使用分号（;）分割，如：

```
import sys; x='runoob'; sys.stdout.write(x+'\n')
```

2.2 标识符和变量

2.2.1 标识符和关键字

Python 中的标识符所遵守的规则与 C 语言相似，都是由字母、下划线和数字组成，且数字不能开头。Python 中的标识符是区分大小写的。在标识符命名时，建议遵循以下原则：尽量做到见名之意，可以使用单个单词或由下划线连接的多个单词命名，常量使用大写字母命名，模块名及函数名使用小写字母命名，类名使用首字母大写的单词命名。另外，不能使用关键字作为标识符。

Python3 中有 35 个关键字，可以在控制行中通过 help( ) 命令进入帮助系统，输入 keywords 命令查询，也可以在 Python 文件中，使用 keyword 模块中的 kwlist 属性查看，代码如下：

```
importkeyword
print(keyword.kwlist)
```

运行结果如图 2-1 所示。

```
help> keywords

Here is a list of the Python keywords.  Enter any keyword to get more help.

False               class               from                or
None                continue            global              pass
True                def                 if                  raise
and                 del                 import              return
as                  elif                in                  try
assert              else                is                  while
async               except              lambda              with
await               finally             nonlocal            yield
break               for                 not

help>
```

图 2-1　Python 中的关键字

2.2.2 变量

Python 中的变量可以看作存储数据的容器，变量在使用前都必须先赋值（先创建），与其他编程语言不同，Python 变量不需要使用类型说明符声明，首次赋值时，即会创建变量。Python 定义变量的具体语法格式如下：

```
变量=值
```

如：

```
num=10
```

以上示例中定了一个变量 num，通过赋值运算符“=”将内存单元中存储的数值 10 与变量名 num 建立联系，变量的类型由赋的值的类型决定，后面还可以给变量重新赋值，也可以更改变量的类型。

Python 中可以通过 type( ) 方法查看变量的数据类型，如：

```
print(type(num))   # 结果显示为 int 类型
```

2.3 输入和输出

2.3.1 输入函数 input( )

Python 使用 input( ) 函数接收用户从键盘输入的数据，程序执行后，就会等待用户输入，其返回字符串类型，语法格式如下：

```
input([prompt])  # 参数 prompt 表示用户输入的提示信息
```

如：

```
age=input("请输入你的年龄:")
print(type(age))
```

结果：

```
请输入你的年龄:18
<class 'str'>
```

可以使用 eval( ) 函数转换 input( ) 函数的返回值类型，eval( ) 函数用来执行一个字符串表达式，并返回表达式的值，语法格式如下：

```
eval([stringexpr])
```

如：

```
age=eval(input(“请输入你的年龄:”))
print(type(age))
```

结果：

```
请输入你的年龄:18
<class 'int'>
```

还可以使用内置函数 int( ) 或 float( ) 转换 input( ) 函数的返回值类型为整型或实型。

2.3.2 输出函数 print( )

Python 使用 print( )函数实现向控制台中输出数据，该函数可以输出任何类型的数据，语法格式如下：

```
print( *objects,sep=' ',end='\n',file=sys.stdout)
```

其中，参数 objects 表示输出的对象，输出多个对象时，对象之间需要用分隔符分隔。sep 用于设定分隔符，默认使用空格作为分隔。end 用于设定输出以什么结尾，默认值为换行符 \n。file 表示数据输出的文件对象。

2.3.3 格式化输出

1. 使用%格式化输出

Python 可以使用%进行字符串的格式化，其格式为：print('string' % values)。常见的格式字符见表 2-1。

表 2-1　常用格式字符及说明

格式符	格式说明
%c	格式化为字符
%s	格式化为字符串
%d	格式化为整数
%f	格式化为浮点数
%u	格式化为无符号整数
%o	格式化为无符号八进制数
%x	格式化为无符号十六进制数

如：

```
name='Lucy'
age=18
score=92.5
print('name=%s,age=%d,score=%.1f'%(name,age,score))
```

结果：

```
name=Lucy,age=18,score=92.5
```

2. 使用 format( )方法格式化输出

Python 为字符串提供了一个格式化方法 format( )，格式为：print(str.format(values))，其中，str 是需要格式化的字符串，包含真实数据的占位符{}，values 表示待替换的真实数据，多个数据之间用逗号分隔。字符串中的{}可以指定替换的浮点型数据的精度，浮点型

数据在被格式化时会按指定的精度进行替换。

如：

```
name='Lucy'
age=18
score=92.5
print('name={},age={},score={:.1f}'.format(name,age,score))
```

结果：

```
name=Lucy,age=18,score=92.5
```

字符串的{}中可以明确地指定编号，格式化字符串时，解释器会按编号取 values 中相应位置的值替换{}，values 中元素的索引从 0 开始。

如：

```
name='Lucy'
age=18
score=92.5
print('name={1},age={0},score={2:.1f}'.format(age,name,score))
```

结果：

```
name=Lucy,age=18,score=92.5
```

字符串的{}中可以指定名称，字符串在被格式化时，Python 解释器会按真实数据绑定的名称替换{}中的变量。

如：

```
name='Lucy'
age=18
score=92.5
print('name={name},age={age},score={score:.1f}'.format(name=name,age=age,
score=score))
```

结果：

```
name=Lucy,age=18,score=92.5
```

3. 使用 f-string 格式化输出

格式化字符串字面值（简称为 f-字符串）在字符串前加前缀 f 或 F，通过 {expression} 表达式，把 Python 表达式的值添加到字符串内。格式为：print(f'{变量名}') 或 print(F'{变量名}')，可以在表达式后面添加格式说明符，从而更好地控制格式化值的方式。

如：

```
name='Lucy'
age=18
```

```
score=92.5
print(f'name={name},age={age},score={score:.1f}')
```

结果：

```
name=Lucy,age=18,score=92.5
```

案例 2-1　机智的小猫

设计一个简单的文本游戏，让用户与程序进行互动。在游戏中，用户可以输入不同的选择，程序根据用户的选择展示不同的情节和结局。

案例分析：

（1）通过 print( ) 函数输出游戏的介绍和选项，让用户选择不同的行动。

（2）根据用户的选择（输入），使用 if-elif-else 结构展示不同的游戏情节和结局。

（3）通过此案例，体会如何利用用户输入创建简单的交互式程序。

参考代码：

```
print("欢迎来到《机智的小猫》游戏!")
print("你是一只机智的小猫,你的主人离开了家,你可以选择:")
print("1. 躲在床底下睡觉")
print("2. 穿越客厅去看看窗外的风景")

choice=input("请选择 1 或 2:")

# 分支结构:根据用户输入执行对应的输出语句
if choice=='1':
    print("你成功躲藏在床底下,安全度过一天。主人回家后抱着你上床睡觉。游戏结束!")
elif choice=='2':
    print("你穿越客厅时被发现,主人抱着你看窗外的风景。游戏结束!")
else:
    print("无效的选择! 游戏结束!")
```

运行结果：

程序执行结果如图 2-2 所示。

```
欢迎来到《机智的小猫》游戏!
你是一只机智的小猫，你的主人离开了家，你可以选择:
1. 躲在床底下睡觉
2. 穿越客厅去看看窗外的风景
请选择 1 或 2: 1
你成功躲藏在床底下，安全度过一天。主人回家后抱着你上床睡觉。游戏结束!
```

图 2-2　案例 2-1 执行结果

2.4 基本数据类型

2.4.1 数据类型

数据类型在编程语言中非常重要，它决定了变量可以存储的数据类型以及可以对这些数据执行的操作。在 Python 中，为变量赋值时，Python 会根据数据的存储形式自动设置数据类型。

Python 中的数据类型可以分为两大类：基础的数字类型和比较复杂的组合类型。基础的数字类型包括整型（int）、浮点型（float）、布尔型（bool）和复数型（complex）。组合类型分为字符串（str）、列表（list）、元组（tuple）、字典（dict）等。这些类型可以存储多个数据项，每种类型有其特定的用途和操作方法。

例如，字符串用于存储文本数据，列表和元组则用于存储一系列有序的数据项，字典则用于存储键-值对形式的数据。表 2-2 中列出了 Python 中的常用数据类型的类型符及示例。

表 2-2　常用格式字符及说明

数据类型		类型符	示例
数字类型	整型	int	0，10-20
	浮点型	float	3.141，5-999，1.5e5，-2.5e-6
	复数类型	complex	1+2j，-6-8j
	布尔类型	bool	True，False
组合数据类型	字符串类型	str	'Python',"Hello",'''Hello python!'''
	列表类型	list	[1,2,3,4,5],['Lucy',18],['Lucy',18,[89,87]]
	元组类型	tuple	(1,),(1,2,3)
	集合类型	set	{1,2,3,4,5}
	字典类型	dict	{'Name':'Lucy','age':18}

Python 内置的数字类型有整型（int）、浮点型（float）、复数类型（complex）和布尔类型（bool）。其中，int、float 和 complex 分别对应数学中的整数、小数和复数；bool 类型比较特殊，它是 int 的子类，只有 True 和 False 两种取值。

字符串是一个由单引号、双引号或者三引号包裹的、有序的字符集合。

列表是多个元素的集合，它可以保存任意数量、任意类型的元素，且可以被修改。Python 中使用“[]”创建列表，列表中的元素以逗号分隔。元组与列表的作用相似，它可以保存任意数量与类型的元素，但不可以被修改。

Python 中使用“()”创建元组，元组中的元素以逗号分隔。集合与列表和元组类似，也可以保存任意数量、任意类型的元素，不同的是，集合使用“{}”创建，集合中的元素无序且唯一。

字典是无序的键（key）：值（value）集合，字典是 Python 中唯一的内置映射类型，元素通过键来存取，键必须唯一，但值不必，键必须使用不可变类型，值可取任何数据类型。

数字类型（Number）、字符串（str）和元组（tuple）是不可变类型，列表（list）、集合（set）和字典（dict）是可变类型。

2.4.2 进制转换函数

Python 中内置了一组函数，用于转换数据进制的函数：bin( )、oct( )、int( )、hex( )，关于这些函数的功能说明见表 2-3。

表 2-3 进制转换函数

函数	功能
bin(x)	将 x 转换为二进制数据
oct(x)	将 x 转换为八进制数据
int(x)	将 x 转换为十进制数据
hex(x)	将 x 转换为十六进制数据

➢ bin(x)：将整数 x 转换为二进制字符串。例如，bin(10) 返回字符串 '0b1010'，表示十进制数 10 的二进制形式。

➢ oct(x)：将整数 x 转换为八进制字符串。例如，oct(10) 返回字符串 '0o12'，表示十进制数 10 的八进制形式。

➢ hex(x)：将整数 x 转换为十六进制字符串。例如，hex(10) 返回字符串 '0xa'，表示十进制数 10 的十六进制形式。

➢ int(x，base)：将字符串 x 按照 base 进制转换为十进制整数。参数 base 的有效取值为 2~36 之间的任意整数。例如，int('1010'，2) 返回整数 10，表示二进制字符串 '1010' 对应的十进制数。

如：

```
num=12
print(bin(num))
print(hex(num))
```

结果：

```
0b1100
0xc
```

2.4.3 数字类型转换函数

Python 内置了一组函数，用于实现强制类型转换，使用这些函数可以将目标数据转换为指定的类型。数字类型间进行转换的函数有 int( )、float( )、complex( )。需要注意的是，浮点型数据转换为整型数据后只保留整数部分，具体介绍见表 2-4。

表 2-4　强制类型转换函数

函数	功能
int(x)	将 x 转换整型
float(x)	将 x 转换为浮点型
complex(x)	将 x 转换为复数类型

如：

```
score=86.5
print(int(score))
print(complex(num))
```

结果：

```
86
(86.5+0j)
```

2.5 运算符和表达式

运算符用于实现数据之间的操作，Python 语言支持以下类型的运算符：算术运算符、赋值运算符、比较运算符、逻辑运算符、成员运算符、身份运算符以及位运算符。根据操作数数目的不同，运算符又可以分为单目运算符和双目运算符。

2.5.1 算术运算符

Python 中的算术运算用于执行基本的数学运算，运算符包括+、-、*、/、//、%和**。设 a=8，b=10，a 和 b 进行不同的算术运算后的结果见表 2-5。

表 2-5　算术运算符及使用方法

运算符	描述	实例
+	加：两个对象相加	a+b 的值为 18
-	减：得到负数或是一个数减去另一个数	a-b 的值为-2
*	乘：两个数相乘或是返回一个被重复若干次的字符串	a*b 的值为 80
/	除：x 除以 y	b/a 的值为 1.25
//	整除：返回商的整数部分（向下取整）	b//a 的值为 1
%	求余：返回除法的余数	b%a 的值为 2
**	幂：返回 x 的 y 次幂	b**a 为 10 的 8 次方，值为 100000000

在 Python 中，算术运算符支持对相同类型的数值进行运算，也能处理不同类型数值的混合运算。在进行混合运算时，Python 会根据以下原则进行临时类型转换：

- 整型与浮点型混合运算时，整型会被自动转换为浮点型。
- 其他类型与复数进行运算时，这些类型会被转换为复数类型。

2.5.2 赋值运算符

赋值运算用于为变量赋值，赋值号左边一般是一个变量，不能是常量，右边可以是一个常量、变量或表达式，例如，给变量 a 赋值为 3，a=3。

Python 允许在一行中为多个变量同时赋值，可以为多个变量赋相同的值，也可以赋不同的值，如：

```
x,y,z=10,20,30     #为多个变量赋不同的值
x=y=z="Python"      #为多个变量赋相同的值
```

Python 中还有一组复合赋值运算符，由算术运算符与赋值运算符组成。以变量 a 为例，Python 复合赋值运算符的功能说明及示例见表 2-6。

表 2-6　赋值运算符及使用方法

运算符	说明	示例
+=	加法赋值	a+=10 等价于 a=a+10
-=	减法赋值	a-=10 等价于 a=a-10
*=	乘法赋值	a*=10 等价于 a=a*10
/=	除法赋值	a/=10 等价于 a=a/10
//=	整除赋值	a//=10 等价于 a=a//10
%=	取余赋值	a%=10 等价于 a=a%10
**=	幂赋值	a**=10 等价于 a=a**10

Python 3.8 中新增了海象运算符“:=”，该运算符用于在表达式内部为变量赋值，因形似海象的眼睛和长牙而得此命名，如：

```
x=1
z=x+(y:=2)  #使用海象运算符在表达式内部为 y 赋值
print(z)
```

2.5.3 比较运算符

Python 中，比较运算符也叫关系运算符，用于比较两个值，并生成一个布尔值（True 或 False）作为结果。以 a=10，b=20 为例，Python 中的比较运算符及具体用法见表 2-7。

表 2-7　比较运算符及使用方法

运算符	说明	示例
= =	加法赋值	a= =b，返回 False
! =	减法赋值	a！ =b，返回 True
>	乘法赋值	a>b，返回 False
<	除法赋值	a<10，返回 True
>=	整除赋值	a>=10，返回 False
<=	取余赋值	a<=10，返回 True

比较运算符通常用于布尔测试，表达式的结果为 True 或 False。

2.5.4 逻辑运算符

逻辑运算符用于组合条件语句，Python 中的逻辑运算符有“or”“and”“not”三个，其中，or 与 and 为双目运算符，not 为单目运算符。以 a=5，b=10 为例，逻辑运算符的使用方法见表 2-8。

表 2-8　逻辑运算符及使用方法

运算符	逻辑表达式	功能说明	实例
and	a and b	如果两个语句都为真，则返回 True	a and b 结果为真 a>0 and b>5 结果为真
or	a or b	如果其中一个语句为真，则返回 True	a or b 结果为真 a<0 or b<0 结果为假
not	nota	反转结果，如果结果为 true，则返回 False	not a 结果为假 not（a>3 and b<10）结果为真

注意区分，如何判断一个值为真或假，以及表达式的结果为真或假的表现形式：

➢ 给定一个值，判断是真或假的方法是：0 为假，所有非 0 值都为真。

➢ 表达式的值若为真，返回值为 1，为假，返回值为 0。

2.5.5 成员运算符

Python 还支持成员运算符，用于测试给定对象是否存在于序列（字符串、列表等）中，成员运算符有 in 和 not in 两个，用法如下：

➢ in：如果指定元素在序列中，返回 True，否则返回 False。

➢ not in：如果指定元素不在序列中，返回 True，否则返回 False。

若 a=10,b=[10,20,30,40,50]，具体用法见表 2-9。

表 2-9　成员运算符及使用方法

运算符	描述	实例
in	如果对象中存在具有指定值的序列，则返回 True	a in b 结果为 True
not in	如果对象中不存在具有指定值的序列，则返回 True	a not in b 结果为 False

2.5.6 身份运算符

身份运算符用于比较对象，不是比较它们是否相等，但如果它们实际上是同一个对象，则具有相同的内存位置，见表 2-10。

表 2-10　身份运算符及使用方法

运算符	描述	实例
is	如果两个变量是同一个对象，则返回 true	a is b
is not	如果两个变量不是同一个对象，则返回 true	a is not b

如：

```
x=["Hello","Python"]
y=["Hello","Python"]
z=x
print(x is z)  #x 和 z 是同一个对象,结果为 True
print(x is y)  #x 和 y 不是同一个对象,结果为 False
print(x==y)  #x 和 y 的值相等,结果为 True
```

结果：

```
True
False
True
```

2.5.7 位运算符

位运算符用于对整数按照其二进制位进行逻辑运算的运算符。在 Python 中，常见的位运算符包括以下几种，设 a=2，b=3，见表 2-11。

表 2-11　位运算符及使用方法

运算符	功能说明	实例
<<	按位左移；通过从右侧推入零来向左移动，推掉最左边的位	a<<b 结果为 16
>>	按位右移；通过从左侧推入最左边的位的副本向右移动，推掉最右边的位	a>>b，结果为 0

续表

运算符	功能说明	实例
&	按位与运算；如果两个位均为 1，则将每个位设为 1	a&b 结果为 2
|	按位或运算；如果两个位中的一个位为 1，则将每个位设为 1	a| b 结果为 3
^	按位异或运算；如果两个位中只有一位为 1，则将每个位设为 1	a^b 结果为 1
~	按位取反；反转所有位	a~b 结果为-3

2.5.8 运算符优先级

在 Python 中，支持使用多个不同的运算符连接简单表达式，运算符按照优先级进行组合，优先级高的运算符会先进行计算，优先级低的运算符则后进行计算。表 2-12 是 Python 中运算符的优先级从高到低的排列。

表 2-12 运算符优先级

运算符（从高到低）	说明
( )	括号的优先级最高
* *	幂运算
* 、/、%、//	乘、除、求余、整除
+、-	加法、减法
>>、<<	按位右移、按位左移
&	按位与
^、|	按位异或、按位或
>、>=、<=、= =、! =	关系运算符
in、not in	成员运算符
not>and>or	逻辑运算符
=	赋值运算符

案例 2-2 根据距离和时间计算平均速度

在物理中，经常需要计算物体的速度。速度的定义是距离除以时间。现在，假设有一个物体在一段时间内移动了一定的距离，需要计算这个物体的平均速度。本案例要求编写代码，接收用户输入的物体移动的距离和所用的时间，并计算出对应的平均速度。

案例分析：

（1）需要接收用户输入的两个数值，分别是物体移动的距离和所用的时间。

（2）使用除法运算符计算平均速度，即距离除以时间。

参考代码：

```
distance=float(input("请输入物体移动的距离(单位:米):"))
time_taken=float(input("请输入物体移动所用的时间(单位:秒):"))

# 计算平均速度
average_speed=distance /time_taken

# 输出计算得到的平均速度
print(f"物体的平均速度为:{average_speed:.2f} 米/秒")
```

运行结果：

程序执行结果如图 2-3 所示。

```
请输入物体移动的距离（单位：米）：21
请输入物体移动所用的时间（单位：秒）：5
物体的平均速度为：4.20 米/秒
```

图 2-3　案例 2-2 执行结果

2.6 字符串

2.6.1 字符串介绍

在 Python 中，字符串是一种常见的数据类型，用于表示文本数据。字符串可以由字母、数字、符号等组成，可以使用单引号（'）、双引号（"）或三引号（""" 或 '''）来定义，单引号和双引号一般用于定义单行字符串，三引号一般用于定义多行字符串或包含换行符的字符串，可以是三个单引号或三个双引号。如：

```
str01='Hello Python! '
str02="Hello Python!"
str03='''Hello Python!
       HelloPython!
       HelloPython! '''
```

这些引号可以灵活地用于不同的字符串定义需求，例如单引号和双引号可以互相嵌套，而三引号则更适用于大段文本或包含多行内容的字符串。字符串在 Python 中具有丰富的操作和方法，可以进行拼接、切片、格式化等操作，是处理文本和字符数据不可或缺的一部分。

注意：Python 中没有字符数据类型，单个字符就是长度为 1 的字符串。

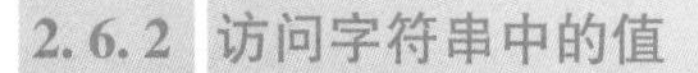

2.6.2 访问字符串中的值

Python 中没有字符数据类型，单个字符就是长度为 1 的字符串，使用方括号加索引访问字符串的元素，字符串支持双向索引，正向索引从 0 开始，反向索引从-1 开始。还可以使用切片语法返回一定范围的字符。

如：

```
str01='Hello Python! '
print(str01[2])
print(str01[-3])
print(str01[1:3])
print(str01[1::2])
```

结果：

```
l
o
el
el yhn
```

另外，可以使用+运算符实现多个字符串的拼接，使用 * 运算符重复输出字符串。在一段字符串中，如果包含多个转义字符，但又不希望转义字符产生作用，此时可以使用原始字符串。使用 r/R 表示原始字符串，原始字符串中所有的字符都是直接按照字面意思来使用，没有转义字符含义或不能打印的字符。

如：

```
print(r'转义字符中:\n 表示换行;\r 表示 Enter;\b 表示退格')
```

结果：

```
转义字符中:\n 表示换行;\r 表示 Enter;\b 表示退格
```

2.6.3 字符串内建函数

1. 字符串的查找与替换

Python 中提供了字符串查找操作的 find( )方法。该方法用于检索字符串中是否包含指定的子串。如果找到该子串，则返回它首次出现的位置索引；如果没有找到，则返回-1。下面是该方法的语法格式：

```
str.find(sub[,start[,end]])
```

其中，sub：指定要查找的子串；start：开始索引，默认为 0；end：结束索引，默认为字符串的长度。

如：

```
word='o'
string='Hello,world!'
result=string.find(word)
print(result)
```

结果：

```
4
```

Python 中提供了字符串替换操作的 replace( ) 方法。该方法允许将字符串中的指定子串替换为新的子串，并返回替换后的新字符串。下面是该方法的语法格式：

```
str.replace(old,new[,count])
```

其中，old 是被替换的旧子串；new 是替换旧子串的新子串；count 表示替换旧字符串的次数。

如：

```
string='The quick brown fox jumps over the lazy dog.'
new_string=string.replace('o','O',2)
print(new_string)
```

结果：

```
The quick brOwn fOx jumps over the lazy dog.
```

2. 字符串的分隔与拼接

Python 中提供了多种方法来实现字符串的分隔与拼接，其中，split( ) 方法是常用的一种。该方法可以按照指定的分隔符将字符串分割成子串，并返回一个包含分割后的子串的列表。以下是 split( ) 方法的语法格式：

```
str.split(sep=None,maxsplit=-1)
```

其中，sep 为分隔符，默认为空字符；maxsplit 是分割次数，默认值为-1，表示不限制分割次数。

如：

```
string="Python is a powerful programming language."
#以空格作为分割符,并分割 3 次
print(string.split(' ',3))
```

结果：

```
['Python','is','a','powerful programming language.']
```

Python 中的 join( ) 方法提供了一种连接字符串的便捷方式。该方法的语法格式如下：

```
str.join(iterable)
```

其中，str 是用于连接的字符串；iterable 是一个可迭代对象，例如列表或元组，包含需要连接的字符串元素。

如：

```
symbol='/'
words=['apple','banana','cherry','date']
print(symbol.join(words))
```

结果：

```
apple/banana/cherry/date
```

与 join()方法类似的是使用运算符+来拼接字符串。例如,"Py"+"thon"可以得到字符串"Python"。这种方法在许多案例中经常被使用到，特别是当我们需要在不同位置构建字符串时，使用运算符+可以更直观地完成字符串的拼接操作。

3. 字符串对齐

在处理文本时，有时需要调整字符串的对齐方式，Python 提供了 center()、ljust()、rjust()这 3 种方法来实现字符串的对齐，这些方法可以根据需要调整字符串在输出时的格式，使其符合文档排版的要求。每个方法的具体使用方法如下所示。

➢ center()方法：将字符串居中显示，周围填充指定字符（默认为空格）。

```
string="Python"
print(string.center(10,'*'))  #输出结果:"**Python**"
```

➢ ljust()方法：将字符串左对齐，右侧填充指定字符（默认为空格）。

```
string="Python"
print(string.ljust(10,'*'))  #输出结果:"Python****"
```

➢ rjust()方法：将字符串右对齐，左侧填充指定字符（默认为空格）。

```
string="Python"
print(string.rjust(10,'*'))  #输出结果:"****Python"
```

4. 删除字符串的指定字符

在处理字符串时，常常需要先删除字符串中的一些无用字符，例如空格。Python 中提供了几种方法来实现这一功能。

➢ strip()方法：删除字符串头尾指定的字符（默认为空格）。

```
string="  Hello,World!  "
print(string.strip())  #输出结果:"Hello,World!"
```

➢ lstrip()方法：删除字符串头部指定的字符（默认为空格）。

```
string="  Hello,World!   "
print(string.lstrip())  #输出结果:"Hello,World!   "
```

➢ rstrip( )方法：删除字符串尾部指定的字符（默认为空格）。

```
string="  Hello,World!   "
print(string.rstrip())  #输出结果:"  Hello,World!"
```

这些方法可以帮助清除字符串中不必要的字符，使后续处理更加方便和准确。

5. 字符串大小写转换

在处理字符串时，有时需要将字符串的大小写进行转换，比如，英文单词表示特殊简称时全字母大写，表示月份、周日、节假日时，每个单词首字母大写，Python 提供了几种方法来实现这一功能，这些方法有 upper( )、lower( )、capitalize( )和 title( )，具体功能如下所示。

➢ upper( )方法：将字符串中的所有字符转换为大写。

```
string="Hello,World!"
print(string.upper())  #输出结果:"HELLO,WORLD!"
```

➢ lower( )方法：将字符串中的所有字符转换为小写。

```
string="Hello,World!"
print(string.lower())  #输出结果:"hello,world!"
```

➢ capitalize( )方法：将字符串的首字母转换为大写，其余字符转换为小写。

```
string="hello,world!"
print(string.capitalize())  #输出结果:"Hello,world!"
```

➢ title( )方法：将字符串中每个单词的首字母转换为大写，其余字符转换为小写。

```
string="hello,world!"
print(string.title())  #输出结果:"Hello,World!"
```

这些方法可以根据具体的需求来转换字符串的大小写形式，适用于各种文本处理场景。

案例 2-3　电池充电过程显示

电子产品在充电时，一般都会以图形的方式展示已充电的电池部分和未充电的电池部分，并通过动态文字显示电池的充电百分比。本案例要求编写程序，实现如图 2-4 所示的模拟电池充电进度的显示。

案例分析：

（1）通过格式化字符串来整理充电百分比进程的显示效果。

（2）通过 while 循环来输出每一次的变化。

（3）调整输出的显示形式，让所有的输出都不换行。

（4）通过 sleep 方法调整每次输出的时间间隔，使变化情况人眼容易观察。

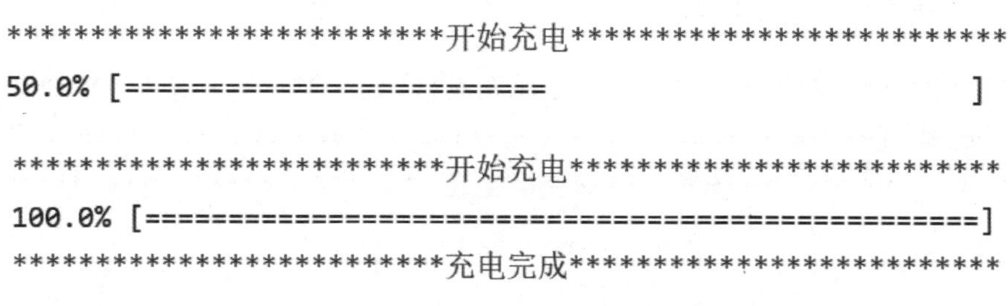

图 2-4　电池充电过程模拟

参考代码：

```
import time
total_charge=100
current_charge=0
print("*"*26+"开始充电"+"*"*26)

#模拟电池充电过程
while current_charge <=total_charge:
    #计算已充电和未充电部分的长度
    charged_length='=' * int(current_charge /(total_charge /50))
    uncharged_length=' ' * (50-len(charged_length))
    percentage=round(current_charge /total_charge * 100,2)

    #使用格式化字符串显示充电进度
    charge_bar=f"\r{percentage}% [{charged_length}{uncharged_length}]"
    print(charge_bar,end="")

    #每次增加5%的电量,模拟充电速度
    current_charge +=5
    #暂停一段时间,模拟充电所需的时间
    time.sleep(0.1)

print("\n"+"充电完成".center(56,'*'))
```

运行结果：

（1）程序执行中的效果如图 2-5 所示。

```
**************************开始充电**************************
50.0% [=========================                         ]
```

图 2-5　电池充电过程到 50%的效果

（2）程序执行结束的效果如图 2-6 所示。

```
**************************开始充电**************************
100.0% [==================================================]
**************************充电完成**************************
```

图 2-6　电池充电过程完成的效果

任务实现

校园一卡通系统的用户菜单设计应包括以下内容：

主菜单：显示主菜单选项，提供学生登录、管理员登录和退出功能。

学生菜单：在学生登录后显示，提供个人信息查询、修改密码、充值、消费、流水查询和退出功能。

管理员菜单：在管理员登录后显示，提供开卡、卡片查询、重置密码、挂失/解锁、注销一卡通和退出功能。

参考代码

主菜单：

```
print("*****主菜单*****")
print("1.学生登录")
print("2.管理员登录")
print("3.退出")
```

学生菜单：

```
print("*****学生菜单*****")
print("1.个人信息查询")
print("2.修改密码")
print("3.充值")
print("4.消费")
print("5.挂失")
print("6.解锁")
print("7.返回主菜单")
print("8.退出系统")
```

管理员菜单：

```
print("*****管理员菜单*****")
print("1.开卡")
print("2.卡片查询")
print("3.重置密码")
```

```
print("4. 禁用卡片")
print("5. 解锁卡片")
print("6. 销卡")
print("7. 返回主菜单")
print("8. 退出系统")
```

运行结果：

程序运行结果如图 2-7 所示。

```
*****主菜单*****
1. 学生登录
2. 管理员登录
3. 退出
```

```
*****学生菜单*****
1. 个人信息查询
2. 修改密码
3. 充值
4. 消费
5. 挂失
6. 解锁
7. 返回主菜单
8. 退出系统
```

```
*****管理员菜单*****
1. 开卡
2. 卡片查询
3. 重置密码
4. 禁用卡片
5. 解锁卡片
6. 销卡
7. 返回主菜单
8. 退出系统
```

图 2-7　任务二运行结果

拓展案例　文章编辑与格式化

假设你是一名编辑，需要对一篇文章进行编辑和格式化。文章包含错别字、多余的空格、大小写不一致等问题。本案例要求通过编写代码，实现以下功能：

(1) 去除文章中的多余空格，确保每个单词之间只有一个空格。

(2) 将文章中的特定错别字替换为正确的字。

(3) 将文章标题首字母大写，其余字母小写。

案例分析：

(1) 可以使用字符串的 replace()方法或正则表达式去除多余空格。

(2) 可以直接使用 replace()方法替换错别字。

(3) 可以使用 title()方法标题化，但如果只需要首字母大写，则需要使用切片和拼接操作。

参考代码：

```
#假设这是原始文章
article=" Example of article editing.  Hello,this is  an article with some extra spaces and typos.For  example,the word 'colour' is spelled  incorrectly.Also,there are some paragraphs in here."
```

```
# 去除多余空格
article=article.replace("  "," ") # 替换两个空格为一个空格
article=article.strip() # 去除字符串两端的空格

# 替换错别字
article=article.replace("colour","color")

# 标题化(仅首字母大写)
title=article.split('.')[0] # 假设标题是文章的第一句话
title=title[0].upper()+title[1:].lower()
print("Formatted Title:",title)

# 打印编辑后的文章
print("Edited Article:")
print(article)
```

运行结果：

程序运行结果如图 2-8 所示。

```
Formatted Title: Example of article editing
Edited Article:
Example of article editing. Hello, this is an article with some extra spaces and
  typos. For example, the word 'color' is spelled incorrectly. Also, there are
 some paragraphs in here.
```

图 2-8　拓展案例运行结果

任务总结

在任务的知识储备中介绍了语法格式、标识符和变量、输入/输出、基本数据类型、运算符和表达式，以及字符串处理等 Python 基础语法知识。通过案例学习和实践，学会编写简单的 Python 程序，为设计一卡通系统用户菜单打下基础。

任务评价

- 任务的知识储备中设计的案例“机智的小猫”和“电池充电过程显示”生动有趣，可以激发学习者的兴趣。
- 本任务的实现不仅是基础语法的学习，更重要的是实际应用场景下的编程练习。

课后习题

一、选择题

1. 在 Python 中，合法的变量名是（　　）。

A. 1st_var　　B. var-name　　C. var name　　D. var_name

2. 以下（　　）是 Python 中的基本数据类型。

A. 函数　　B. 类　　C. 列表　　D. 整数

3. Python 中用于输入数据的内置函数是（　　）。

A. input( )　　B. print( )　　C. read( )　　D. scan( )

4. 以下（　　）运算符用于字符串连接。

A. +　　B. -　　C. *　　D. /

5. 在 Python 中，以下（　　）表达式的结果为 True。

A. 5>3 and 2==3　　B. not(5>3)

C. 5==5 or 3 ！=3　　D. 5<3 and 4>2

6. Python 中使用（　　）符号表示单行注释。

A. #　　B. /　　C. //　　D. <! ---->

7. 下列选项中，不属于 Python 关键字的是（　　）。

A. name　　B. if　　C. is　　D. and

二、思考题

1. 解释 Python 中标识符的命名规则，并举例说明。

2. 比较 Python 中的整数和浮点数类型，并说明它们的主要区别。

3. 阐述 Python 中字符串的不可变性，并举例说明其影响。

三、实践题

1. 编写一个 Python 程序，要求用户输入两个整数，然后计算并输出这两个整数的和、差、积、商（注意处理除数为 0 的情况）。

2. 定义一个字符串变量，并使用 Python 的字符串方法完成以下任务：

（1）将字符串中的所有小写字母转换为大写字母。

（2）查找并返回字符串中某个子串的位置（如果不存在，则返回-1）。

（3）去除字符串两端的空格。

（4）将字符串中的每个单词首字母大写，其余字母小写（标题化）。

任务三

一卡通系统功能模块的设计

任务目标

知识目标：

- 熟悉 if 语句的使用，熟练使用 if 语句实现条件判断和流程控制
- 理解 while 循环和 for 循环的语法和用法，实现不同类型的循环逻辑
- 熟练使用 break 和 continue 语句控制循环的执行流程

技能目标：

- 能够根据具体需求设计和实现程序中的条件判断
- 能够根据具体需求设计和实现程序中的循环处理

素养目标：

- 具备良好的编码风格和习惯，编写的代码便于他人理解和维护
- 具有逻辑思维能力和问题解决能力，通过编写程序解决实际问题
- 能够通过查阅官方文档、社区论坛或搜索引擎等渠道解决问题

任务分析

本任务要求设计出一卡通系统的基本菜单。学生菜单可进行以下操作：查询个人信息、修改密码、查询充值卡内余额、查询消费卡内余额、挂失卡片、查询消费流水等；管理员菜单可进行以下操作：为学生开卡、查询学生信息（包括学号、密码、余额、是否禁用、是否报停等）、重置学生密码、挂失学生卡、解锁学生卡，解除禁用状态、销卡、删除学生信息等。在知识储备中介绍分支结构和循环结构，为本任务的实现打下基础。

3.1 分支结构

3.1.1 if 语句

现实生活中，有很多需要通过条件判断来决定如何做选择的情况，比如，“如果天气晴朗，我们就去春游”“满 70 岁的老人，免费乘公交车”等。在代码编写工作中，可以使用条件语句为程序增设条件，使程序产生分支，进而有选择地执行不同的语句。

在 Python 中，分支结构通过使用 if、elif（else if 的缩写）和 else 关键字来实现。这些结构使程序能够根据特定条件选择性地执行代码块，从而增强了程序的灵活性和逻辑性。根据流程分支数目不同，又可以分为单分支 if 语句、双分支 if 语句和多分支 if 语句。

1. 单分支 if 语句

单分支 if 语句是最简单的分支结构形式，它只包含一个条件和一个代码块。如果条件为真（True），则执行该代码块；否则，跳过该代码块继续执行后续代码。其语法格式如下：

```
if 条件表达式:
    代码块
```

单分支 if 语句的执行流程如图 3-1 所示。

（1）判断条件：执行 if 语句时，首先计算判断条件的布尔值。

（2）条件成立（True）：如果判断条件的布尔值为 True，则执行紧跟在 if 语句后面的代码段。

（3）条件不成立（False）：如果判断条件的布尔值为 False，则跳过 if 语句后面的代码段，直接继续执行后续的代码。

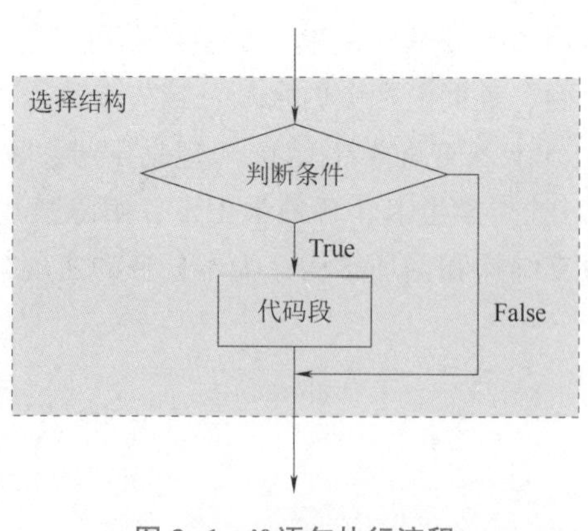

图 3-1　if 语句执行流程

示例代码：

```
age=20
if age >=18:
    print("你已经成年了!")
```

在以上示例中，如果 age 变量的值大于等于 18，程序将输出"你已经成年了！"；如果 age 的值小于 18，则不会执行任何输出操作，程序将继续执行接下来的代码。

2. 双分支 if 语句

双分支 if 语句也就是 if-else，一些场景不仅需要处理满足条件的情况，也需要对不满足条件的情况做特殊处理。因此，Python 提供了可以同时处理满足和不满足条件的 if-else 语句，双分支 if 语句除了包含一个条件和一个代码块外，还有一个 else 分支。当条件为真时，执行 if 代码块，否则执行 else 代码块。其语法格式如下：

```
if 判断条件:
    代码块 1
else:
    代码段 2
```

执行 if-else 语句的具体流程如图 3-2 所示。

（1）判断条件：首先计算 if 语句中的判断条件的布尔值。

（2）条件成立（True）：如果判断条件的布尔值为 True，则执行 if 语句后面的代码段 1，并跳过 else 语句后面的代码段 2。

（3）条件不成立（False）：如果判断条件的布尔值为 False，则跳过 if 语句后面的代码段 1，直接执行 else 语句后面的代码段 2。

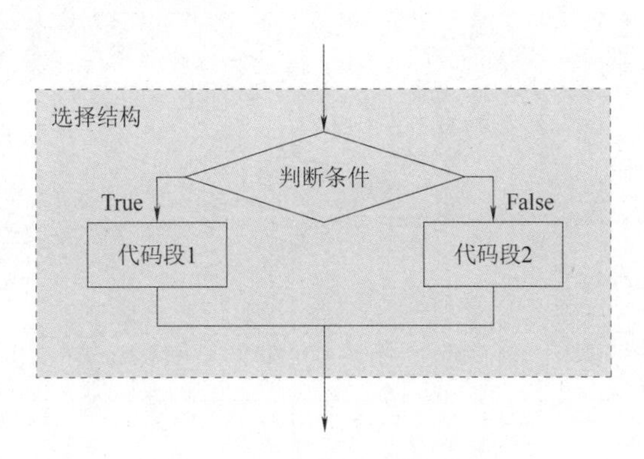

图 3-2　if-else 语句执行流程

示例代码：

```
age=15
if age >=18:
    print("你已经成年了!")
```

```
else:
    print("你还未成年。")
```

在以上示例中，如果 age 变量的值大于等于 18，输出"你已经成年了！"；否则,输出 "你还未成年。"。

if-else 结构使程序能够根据条件的真假选择性地执行不同的代码块，从而实现不同情况下的分支控制和逻辑处理。

3. 多分支 if 语句

Python 除了提供单分支和双分支条件语句外，还提供多分支 if 语句 if-elif-else。多分支 if 语句使用 elif 关键字来检查多个条件，只要前面的条件为假，就继续检查下一个条件，直到找到为真的条件为止，其语法格式如下：

```
if 判断条件 1:
    代码段 1
elif 判断条件 2:
    代码段 2
elif 判断条件 3:
    代码段 3
...
else:
    代码段 n
```

执行 if-elif-else 语句的具体流程如图 3-3 所示。

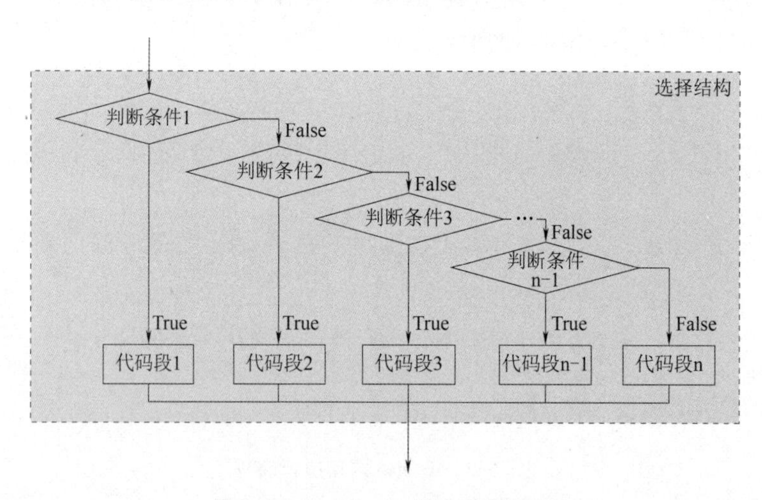

图 3-3　if-elif-else 语句执行流程

(1) 判断条件 1：首先计算 if 语句中的判断条件的布尔值。

➢ 若条件 1 成立（True），则执行 if 语句后面的代码段 1，跳过 elif 和 else 部分。

➢ 若条件 1 不成立（False），则继续向下执行。

(2) 判断条件 2（elif 部分）：如果条件 1 不成立，计算 elif 语句中的判断条件的布尔值。

➢ 若条件 2 成立（True），则执行 elif 语句后面的代码段 2，并跳过 else 部分。

➢ 若条件 2 不成立（False），则继续向下执行。

（3）判断条件 3、4、…（依此类推）：依次计算后续的 elif 语句中的判断条件，执行第一个条件成立的 elif 语句后面的代码段。

（4）else 部分：如果所有的 if 和 elif 条件都不成立，则执行 else 语句后面的代码段。

这种结构允许程序员根据不同的条件选择性地执行不同的代码块，从而实现复杂的条件逻辑和分支控制。

示例代码：

```
score=85
if score >=90:
    print("优秀!")
elif score >=80:
    print("良好!")
elif score >=70:
    print("中等。")
elif score >=60:
    print("及格。")
else:
    print("不及格。")
```

以上示例中，根据 score 的不同取值，程序会输出相应的评语，从"优秀!" 到 "不及格"。不同的条件分支决定了输出结果，使程序能够根据具体情况进行灵活的处理。

4. if 嵌套

Python 中的嵌套 if 语句是将一个 if 或者 else 语句放在另一个 if 或者 else 语句内部的情况。这种结构可以用来处理更加复杂的条件逻辑，其语法格式如下：

```
if 判断条件 1:                # 外层条件
    代码段 1
    if 判断条件 2:          # 内层条件
        代码段 2
    ...
```

执行 if 嵌套时，具体流程如图 3-4 所示。

（1）判断外层条件 1：若外层判断条件（判断条件 1）的值为 True，执行代码段 1，并对内层判断条件（判断条件 2）进行判断。

➢ 判断内层条件 2：若内层判断条件（判断条件 2）的值为 True，则执行代码段 2。

➢ 否则跳出内层条件结构，顺序执行外层条件结构中内层条件结构之后的代码。

（2）若外层判断条件的值为 False，直接跳过条件语句，既不执行代码段 1，也不执行内层的条件结构。

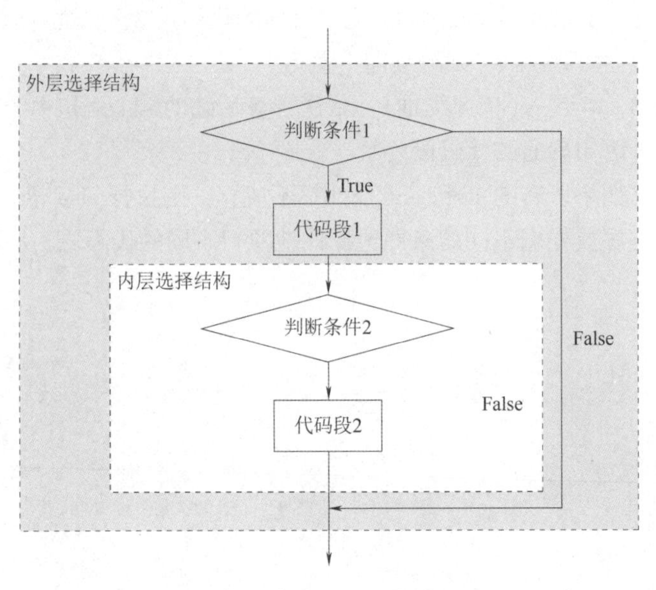

图 3-4　嵌套 if 语句执行流程

示例代码：

```
num=10
if num % 2==0:
    if num % 3==0:
        print("这个数字既能被 2 整除,又能被 3 整除。")
    else:
        print("这个数字能被 2 整除,但不能被 3 整除。")
else:
    print("这个数字不能被 2 整除。")
```

以上示例中，通过 if 语句的嵌套判断 num 是否既能被 2 整除，又能被 3 整除。

案例 3-1　图书馆借书流程模拟

王珂同学计划去图书馆借几本书来阅读。在到达图书馆后，他需要进行一系列的步骤来完成借书流程。首先，他需要出示有效的借书证。然后，他需要选择想要借阅的书籍，并检查这些书籍是否可借。如果书籍可借，他需要将这些书籍带到借书台进行登记。在借书台，工作人员会检查借书证是否有效，以及是否超过了借阅限额。如果一切正常，借书流程完成，王珂可以带着书籍离开图书馆。如果发生任何问题，比如借书证无效或超过了借阅限额，王珂将无法借书。本案例要求通过编写代码，实现图书馆借书流程模拟。

案例分析：

（1）使用多分支 if 语句实现多种情况的判断。代码将根据条件判断的结果执行不同的分支处理。例如，如果借书证无效，则输出相应的提示信息；如果书籍不可借或已达到借阅限额，则同样给出相应的提示。

（2）使用 random 库中的 choice 函数体现书籍的可借状态、借阅限额的使用情况等。

参考代码：

```
import random
library_card_valid=True # 假设借书证有效
book_available=True # 假设书籍可借
borrow_limit_exceeded=False # 假设未超过借阅限额

# 模拟用户出示借书证
library_card_valid=random.choice([True,False])
if not library_card_valid:
    print("借书证无效,请重新办理或检查借书证。")
else:
    # 模拟用户选择书籍并检查书籍是否可借
    book_available=random.choice([True,False])
    if not book_available:
        print("对不起,这本书不可借,请另选一本或等待归还。")
    else:
        # 假设用户已选择书籍并带到借书台
        # 模拟检查借阅限额
        borrow_limit_exceeded=random.choice([True,False])
        if borrow_limit_exceeded:
            print("您已超过借阅限额,请归还部分书籍后再借。")
        else:
            # 一切正常,借书成功
            print("借书成功,请妥善保管书籍并按时归还。")
```

输出结果：

（1）当借书证无效时，输出“借书证无效，请重新办理或检查借书证。”

（2）当借书证有效时，选择想要借阅书籍：

◇若该书籍不可借，输出“对不起，这本书不可借，请另选一本或等待归还。”

◇若该书籍可借：

➢ 检查借阅限额：

√ 若未超出借阅限额，输出“借书成功，请妥善保管书籍并按时归还。”

√ 否则，输出“您已超过借阅限额，请归还部分书籍后再借。”

案例 3-2　超市购物结算模拟

顾客在超市购物完成后，需要前往收银台进行结算。在结算过程中，超市会根据顾客购买的商品计算总价，并根据总价确定折扣级别。超市提供三种折扣级别的会员：普通会员、VIP 会员和超级 VIP 会员。不同折扣级别对应的折扣率不同，超级 VIP 会员折扣最高，VIP

会员折扣次之，普通会员折扣最低。顾客结算时，系统会根据顾客的会员级别和购物总价自动计算最终的支付金额。

案例分析：

（1）使用 if-elif-else 语句来判断顾客的会员级别，并根据会员级别和购物总价计算折扣后的支付金额。

（2）根据顾客的会员级别（普通会员、VIP 会员、超级 VIP 会员）和购物总价，通过条件判断进入不同的分支处理。每个分支中计算折扣后的支付金额的逻辑不同。

（3）使用 random 库来随机生成购物总价。

参考代码：

```
import random

#假设购物总价随机生成在100到500元之间
total_price=random.randint(100,500)
print(f"您购买的商品总价为:{total_price}元")

#假设顾客的会员级别是固定的,不同会员级别具备折扣率,"普通会员"可以打九五折、"VIP会员"可以打九折或"超级VIP会员"可以打八五折
member_level=input("请输入您的会员等级:")
#根据会员级别计算折扣后的支付金额
if member_level=="普通会员":
    final_price=total_price * 0.95
    print(f"普通会员享受95%的折扣,最终支付{final_price:.2f}元")
elif member_level=="VIP会员":
    final_price=total_price * 0.9
    print(f"VIP会员享受90%的折扣,最终支付{final_price:.2f}元")
else:
    final_price=total_price * 0.85
    print(f"超级VIP顾客享受85%的折扣,最终支付{final_price:.2f}元")
```

运行结果：

程序运行结果如图 3-5 所示。

```
您购买的商品总价为：145元
请输入您的会员等级：VIP会员
VIP会员享受90%的折扣，最终支付130.50元
```

图 3-5　案例 3-2 运行结果

3.2 循环结构

3.2.1 条件循环：while 循环

Python 编程中，while 语句用于循环执行程序，即在某条件下，循环执行某段程序，以处理需要重复处理的相同任务。其基本形式为：

```
while 判断条件(condition):
    执行语句(statements)…
```

执行语句可以是单个语句或语句块。判断条件可以是任何表达式，任何非零或非空（null）的值均为 true。当判断条件为假 false 时，循环结束。

while 循环的执行流程如图 3-6 所示。

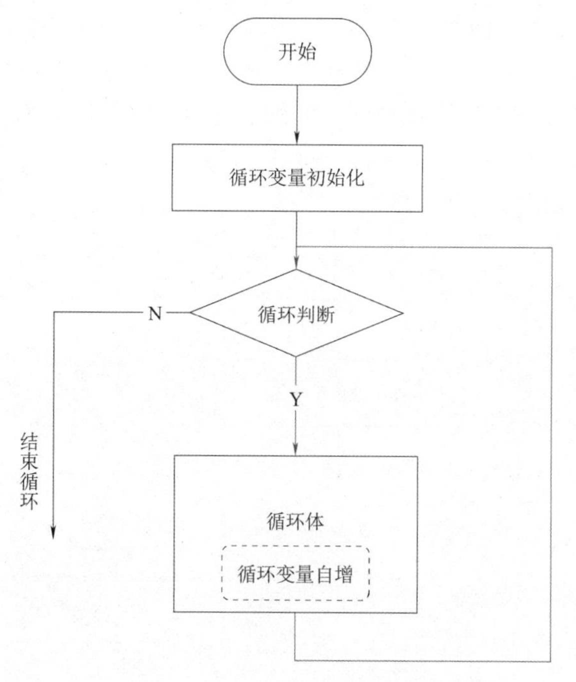

图 3-6　while 循环的执行流程

示例代码：

```
n=int(input("请输入一个整数:"))
fact=1
i=1
print("n! 计算中…")
while i<=n:
    fact=fact*i
```

```
    i=i+1
else:
    print("n! 计算完成,循环正常结束")
print("n! ={}".format(fact))
```

以上示例中，使用 while-else 循环实现计算 n 的阶乘。

备注：while 语句同样可以拥有 else 子句作为可选选项。

3.2.2 遍历循环：for 循环

Python 中的 for 循环可以遍历任何序列的项目，如一个列表或者一个字符串，可以逐一访问目标对象中的数据。

for 循环的语法格式如下：

```
for iterating_var in sequence:
    statements(s)
```

➢ sequence：可以是字符串、文件、range()函数或组合数据类型等。

➢ iterating_var：用于保存本次循环中访问到的遍历结构中的元素。

➢ for 循环的循环次数取决于遍历的目标元素个数。

for 循环的执行流程如图 3-7 所示。

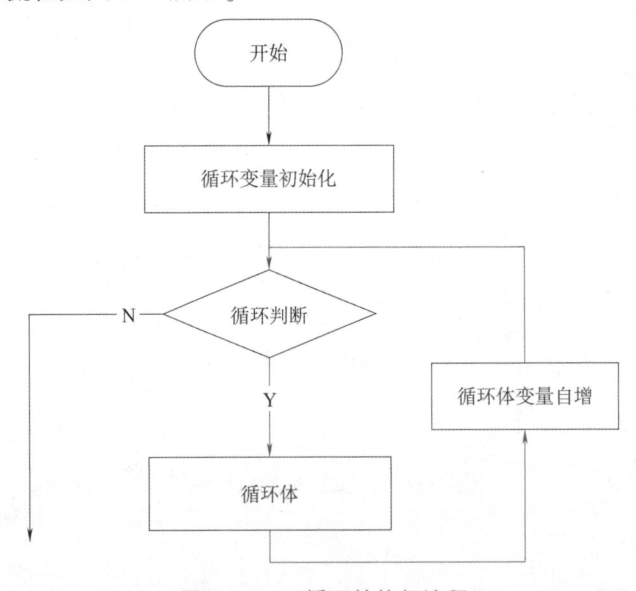

图 3-7　for 循环的执行流程

示例代码：

```
string=input("请输入一个字符串:")
for c in string:
    print(c)
```

以上示例中，实现了对字符串中每个字符的遍历。

for 循环可以遍历 range( ) 函数创建的整数列表，range( ) 函数的语法格式如下：

```
range([start,]stop[,step])
```

其中，start 表示列表起始位置，该参数可以省略，此时列表默认从 0 开始；stop 表示列表结束位置，但不包括 stop，例如 range(5)、range(0,5) 表示列表[0,1,2,3,4]；step 表示列表中元素的增幅，该参数可以省略，此时列表步长默认为 1。

示例代码：

```
string=input("请输入一个字符串:")
for i in range(len(string)):
    print(string[i])
```

以上示例中，使用 range 函数遍历字符串，实现了输出字符串的字符。

Python 中，可以使用循环嵌套技术处理复杂逻辑，或需要多层次迭代的情况下，有效地组织和处理数据。循环嵌套是指在一个循环体内部包含另一个或多个循环结构。

循环嵌套可以使用各种类型的循环结构，如 for 循环和 while 循环。通过巧妙地嵌套这些循环，可以实现对二维数组、矩阵、多维数据集等复杂数据结构的逐层遍历和操作。然而，过度嵌套循环可能导致性能问题，因此，在设计时需要权衡迭代深度和效率。

3.2.3 循环控制

1. break 语句

在 Python 中，break 语句与 C 语言中的用法类似，它用于在循环结构（如 for 循环或 while 循环）中提前终止循环的执行。当条件或序列尚未完全遍历完成时，break 语句可以立即退出当前最内层的循环，即使外层循环仍然有效。

具体来说：

- break 语句允许在循环体内部的任何地方跳出循环。
- 它通常与条件语句结合使用，当某个条件达成时，即可使用 break 来结束循环。
- 在嵌套循环中，break 将只中断当前所在的最内层循环，而不影响外层循环的继续执行。

这种灵活的控制流方法使 Python 中的循环结构更加强大可控。Python 语言中，break 语句语法：

```
break
```

示例代码：

```
sum=0
for i in range(1,11):
    sum+=i
    if sum>=20:
        break # 跳出循环,提前结束循环
print(sum)
```

以上示例中，for 循环累加 1~10 的整数求和，当累加结果大于等于 20 时，提前结束循环，循环实际执行次数并不是 10 次。

2. continue 语句

Python 中的 break 语句的功能是跳出整个循环，而 continue 语句是跳出本次循环。continue 语句用来告诉 Python 跳过当前循环的剩余语句，然后继续进行下一轮循环。continue 语句可以在 while 和 for 循环中使用。

continue 语句语法格式如下：

```
continue
```

示例代码：

```
#输出 1 到 10 之间的奇数
for i in range(1,11):
    if i % 2==0:
        continue  #跳过偶数,继续下一次循环
    print(i)
```

以上示例中，展示了如何使用 continue 语句跳过某些特定条件的循环迭代。在循环中，当 i 是偶数时，continue 语句将跳过本次循环迭代，直接进入下一个循环。运行结果只会输出 1、3、5、7、9 这些奇数。

案例 3-3　猜电影院座位号

在电影院里，每个座位都有唯一的座位号，通常表示为“几排几座”。假设你和同学约好了去看电影，但你的座位只有同学知道，你需要不断猜测这个座位号是多少，每次猜测后，对方会告诉你猜测的座位号与正确答案的排数或座数的关系，以帮助你缩小猜测范围，直到猜中位置。

案例分析：

（1）使用 random 模块中的 randint( ) 函数生成一个随机的座位号和排数。

（2）使用 while 循环来模拟玩家的猜测过程，在循环中，比较玩家的猜测与正确答案，给出提示，帮助玩家缩小猜测范围，直到玩家猜中正确的座位号为止。

参考代码：

```
import random

#设置电影院座位范围
min_row,max_row,min_seat,max_seat=1,10,1,10

#计算机随机选择一个座位号
target_row=random.randint(min_row,max_row)
```

```
    target_seat=random.randint(min_seat,max_seat)

    #初始化玩家的猜测座位号
    guess_row,guess_seat=None,None

    #while 循环,直到玩家猜中正确的座位号
    while (guess_row is None or guess_seat is None) or (guess_row ! =target_row or
guess_seat ! =target_seat):
        #获取玩家的猜测座位号
        guess_str=input("请猜测座位号(例如:3 排 5 座):")
        guess_row,guess_seat=guess_str.split("排")
        guess_row=int(guess_row.replace("排",""))
        guess_seat=int(guess_seat.replace("座",""))

        #比较猜测座位号与正确答案
        if guess_row==target_row and guess_seat==target_seat:
                print("恭喜你,猜中了正确的座位号!")
                continue
        else:
                print("很遗憾,你猜的座位号不正确。")
        if guess_row<target_row:
                print("你猜的排数小了。")
        elif guess_row>target_row:
                print("你猜的排数大了。")
        else:
                print("只有排数猜中了!")
        if guess_seat<target_seat:
                print("你猜的座数小了。")
        elif guess_seat>target_seat:
                print("你猜的座数大了。")
        else:
                print("只有座数猜中了!")
```

运行结果:

程序运行结果如图 3-8 所示。

```
请猜测座位号（例如：3排5座）：3排5座
很遗憾，你猜的座位号不正确。
你猜的排数小了。
你猜的座数小了。
请猜测座位号（例如：3排5座）：8排9座
很遗憾，你猜的座位号不正确。
你猜的排数小了。
你猜的座数大了。
请猜测座位号（例如：3排5座）：9排6座
很遗憾，你猜的座位号不正确。
你猜的排数小了。
你猜的座数小了。
请猜测座位号（例如：3排5座）：10排8座
恭喜你，猜中了正确的座位号！
```

图 3-8　案例 3-3 运行结果

任务实现

在知识储备中学习了选择结构和循环结构，通过这些知识，我们可以设计出一卡通系统的基本菜单。学生菜单可进行以下操作：查询个人信息、修改密码、充值卡内余额、消费卡内余额、挂失卡片、查询消费流水等；管理员菜单可进行以下操作：为学生开卡、查询学生信息、重置学生密码、挂失学生卡、解锁学生卡、销卡等。

（1）使用 while 循环来持续显示主菜单，直到用户选择退出。

（2）通过 if-elif-else 结构来处理用户的输入，并根据输入调用不同的功能代码块。

（3）每个功能都通过嵌套的循环来处理用户的进一步选择，直到用户选择返回或退出。

（4）系统主菜单分为学生和管理员两种用户，根据用户选择进入对应菜单。

参考代码：

```
while True:
    print("*****一卡通系统主菜单*****")
    choice=input("请选择用户类型(1-3):\n1.学生用户\n2.管理员用户\n3.退出\n")
    if choice=="1":
        while True:
            print("*****欢迎使用学生端系统*****")
            student_choice =input("请选择功能(1-8):\n1.个人信息查询 \n2.修改密码
\n3.充值\n4.消费\n5.挂失\n6.解锁\n7.退回主菜单\n8.退出系统\n")
            if student_choice=="1":
```

```
            print("个人信息查询")
        elif student_choice=="2":
            print("修改密码")
        elif student_choice=="3":
            print("充值")
        elif student_choice=="4":
            print("消费")
        elif student_choice=="5":
            print("挂失")
        elif student_choice=="6":
            print("解锁")
        elif student_choice=="7":
            break
        elif student_choice=="8":
            print("已退出系统")
            exit()
        else:
            print("无效选择,请重新输入")
    elif choice=="2":
      while True:
        print("*****欢迎使用管理端系统*****")
        admin_choice = input("请选择功能(1-8):\n1. 开卡\n2. 卡片查询\n3. 重置
密码\n4. 禁用卡片\n5. 解锁卡片\n6. 销卡\n7. 退回主菜单\n8. 退出系统\n")
        if admin_choice =="1":
            print("开卡")
        elif admin_choice =="2":
            print("卡片查询")
        elif admin_choice =="3":
            print("重置密码")
        elif admin_choice =="4":
            print("禁用卡片")
        elif admin_choice =="5":
            print("解锁卡片")
        elif admin_choice =="6":
            print("销卡")
        elif admin_choice =="7":
            break
        elif admin_choice =="8":
            print("已退出系统")
```

```
            exit()
        else:
            print("无效选择,请重新输入")
    elif choice=="3":
      print("已退出系统")
      break
    else:
      print("无效选择,请重新输入")
```

运行结果:

程序运行结果如图 3-9 所示。

```
*****一卡通系统主菜单*****
请选择用户类型(1-3):
1. 学生用户
2. 管理员用户
3. 退出
1
*****欢迎使用学生端系统*****
请选择功能(1-8):
1. 个人信息查询
2. 修改密码
3. 充值
4. 消费
5. 挂失
6. 解锁
7. 退回主菜单
8. 退出系统
3
充值
*****欢迎使用学生端系统*****
请选择功能(1-8):
1. 个人信息查询
2. 修改密码
3. 充值
4. 消费
5. 挂失
6. 解锁
7. 退回主菜单
8. 退出系统
7
```

```
*****一卡通系统主菜单*****
请选择用户类型(1-3):
1. 学生用户
2. 管理员用户
3. 退出
2
*****欢迎使用管理端系统*****
请选择功能(1-8):
1. 开卡
2. 卡片查询
3. 重置密码
4. 禁用卡片
5. 解锁卡片
6. 销卡
7. 退回主菜单
8. 退出系统
6
销卡
*****欢迎使用管理端系统*****
请选择功能(1-8):
1. 开卡
2. 卡片查询
3. 重置密码
4. 禁用卡片
5. 解锁卡片
6. 销卡
7. 退回主菜单
8. 退出系统
8
已退出系统
```

图 3-9　任务三运行结果

拓展案例　文字冒险游戏 Python Adventure Island

设计一个《迷失在 Python 冒险岛》的游戏，在游戏中你是一名勇敢的冒险家，有一天你发现自己迷失在了一个神秘的 Python 冒险岛上。这个岛屿充满了危险和未知，但同时也隐藏着无数的宝藏和冒险机会。可以从几个初始选项中随机选择一个，每个选项会导致不同的事件发生，游戏会随机生成一些事件，例如遭遇怪物、发现宝藏或者遇到友好的村民，可以根据每个事件的选择结果来决定下一步的行动，直到完成一定的任务或者冒险结束。

案例分析：

(1) while 循环是游戏的主循环，负责整个游戏的持续运行和控制用户的输入选择，直到玩家选择退出游戏。

(2) 通过 input() 函数获取玩家的选择，然后根据选择执行相应的操作。

(3) 使用 if-elif-else 结构控制游戏的主要逻辑，根据玩家的选择执行相应的操作。

(4) 使用 random. choice() 函数从预定义的事件列表中随机选择一个事件，增加游戏的随机性和趣味性。

(5) 使用集合 visited_locations 记录玩家已经探索过的地点，避免重复探索。

参考代码：

```
import random

print("欢迎来到《迷失在 Python 冒险岛》——一个文字冒险游戏！ \n")
print("你发现自己迷失在神秘的 Python 冒险岛上。")
print("你的目标是生存并探索这个充满冒险的岛屿。")
print("让我们开始吧 ...")

visited_locations=set()

while True:
    print("----------------------------------------")
    print("你想做什么?")
    print("1. 探索黑暗的森林。")
    print("2. 探索古老的遗迹。")
    print("3. 进入神秘的洞穴。")
    print("4. 查看已探索的地点。")
    print("5. 退出游戏。")

    choice=input("请输入你的选择 (1-5):")

    if choice=='1':
        if 'forest' not in visited_locations:
```

```
            visited_locations.add('forest')
            print("\n 你决定探索黑暗的森林 ...")
            event=random.choice([
                "遇到了一只友好的狼,它带你找到了一条通往新地点的路径。",
                "迷路了,但最终在一棵巨大的橡树下找到了一个宝箱。",
                "被一个巨大的蜘蛛困住了,但最终用智慧逃脱了。"
            ])
            print("在森林里,你"+event)
        else:
            print("\n 你已经探索过黑暗的森林了。")
    elif choice=='2':
        if 'ruins' not in visited_locations:
            visited_locations.add('ruins')
            print("\n 你决定探索古老的遗迹 ...")
            event=random.choice([
                "发现了一个古老的祭坛,上面雕刻着未知的文字和符号。",
                "在遗迹的深处,找到了一把古老而锋利的剑。",
                "遭遇了遗迹守卫的幽灵,但成功驱散了它。"
            ])
            print("在遗迹中,你"+event)
        else:
            print("\n 你已经探索过古老的遗迹了。")
    elif choice=='3':
        if 'cave' not in visited_locations:
            visited_locations.add('cave')
            print("\n 你决定进入神秘的洞穴 ...")
            event=random.choice([
                "在洞穴的深处,你发现了一个神秘的宝箱,里面装满了黄金和宝石。",
                "遭遇了一个巨大的蝙蝠,但成功击退了它。",
                "意外发现了一个通往地下迷宫的入口。"
            ])
            print("在洞穴里,你"+event)
        else:
            print("\n 你已经进入过神秘的洞穴了。")
    elif choice=='4':
        print("\n 你已经探索过的地点有:")
        for location in visited_locations:
            print("-"+location)
    elif choice=='5':
```

```
        print("\n 谢谢你的游玩,再见!")
        break
    else:
        print("无效的选择,请输入数字 1 到 5。")
```

运行结果：

程序运行结果如图 3-10 所示。

```
欢迎来到《迷失在Python冒险岛》——一个文字冒险游戏!

你发现自己迷失在神秘的Python冒险岛上。
你的目标是生存并探索这个充满冒险的岛屿。
让我们开始吧...
----------------------------------------
你想做什么?
1. 探索黑暗的森林。
2. 探索古老的遗迹。
3. 进入神秘的洞穴。
4. 查看已探索的地点。
5. 退出游戏。
请输入你的选择 (1-5): 3

你决定进入神秘的洞穴...
在洞穴里，你意外发现了一个通往地下迷宫的入口。
----------------------------------------
你想做什么?
1. 探索黑暗的森林。
2. 探索古老的遗迹。
3. 进入神秘的洞穴。
4. 查看已探索的地点。
5. 退出游戏。
请输入你的选择 (1-5): 1

你决定探索黑暗的森林...
在森林里，你被一个巨大的蜘蛛困住了，但最终用智慧逃脱了。
----------------------------------------
你想做什么?
1. 探索黑暗的森林。
2. 探索古老的遗迹。
3. 进入神秘的洞穴。
4. 查看已探索的地点。
5. 退出游戏。
```

图 3-10　拓展案例运行结果

```
请输入你的选择 (1-5): 2

你决定探索古老的遗迹...
在遗迹中，你遭遇了遗迹守卫的幽灵，但成功驱散了它。
----------------------------------------
你想做什么？
1. 探索黑暗的森林。
2. 探索古老的遗迹。
3. 进入神秘的洞穴。
4. 查看已探索的地点。
5. 退出游戏。
请输入你的选择 (1-5): 4

你已经探索过的地点有：
- cave
- forest
- ruins
----------------------------------------
你想做什么？
1. 探索黑暗的森林。
2. 探索古老的遗迹。
3. 进入神秘的洞穴。
4. 查看已探索的地点。
5. 退出游戏。
请输入你的选择 (1-5): 5

谢谢你的游玩，再见！
```

图 3-10　拓展案例运行结果（续）

任务总结

在任务的知识储备中，介绍了 Python 中的分支结构和循环结构，并通过图书馆借书流程模拟、超市购物结算模拟、猜电影院座位号等案例，进一步掌握分支结构和循环结构在解决实际问题中的应用。任务最终设计实现了一卡通系统的功能菜单。

任务评价

- 通过本任务的实践，学会使用分支结构和循环结构解决具体问题，提升逻辑思维能力和程序设计能力。
- 理解 Python 中的控制结构的重要性，能够灵活运用于各种开发场景中，为更复杂的项目打下了坚实基础。

一、选择题

1. 在 Python 中，表示条件判断的关键字是（　　）。

A. if　　B. while　　C. for　　D. switch

2. 下列（　　）是正确的 Python 循环结构。

A. for i in range(10) { print(i)}

B. while True:print("Hello")

C. do { print("Loop")} while False

D. repeat 10 times:print("Repeat")

3. 如果想在 Python 中实现当条件为真时执行某段代码，应该使用（　　）语句。

A. if　　B. else　　C. elif　　D. while

4. 在 Python 中，使用（　　）语句可以跳出当前循环。

A. break　　B. continue　　C. return　　D. exit

5. 下列（　　）Python 代码片段可以正确地实现循环打印 1~10 的数字。

A. for i in range(1,11):print(i)

B. for i in range(10):print(i,1)

C. for i from 1 to 10:print(i)

D. for i=1 to 10:print(i)

二、思考题

1. 思考并解释 Python 中的分支结构和循环结构在解决实际问题中的作用和区别。

2. 讨论在编写程序时，如何合理使用条件判断来提高代码的可读性和维护性?

3. 思考并解释 Python 中的 break 和 continue 关键字在循环控制中的作用及其使用场景。

三、实践题

1. 编写一个 Python 程序，使用分支结构判断用户输入的数字是正数、负数还是零，并给出相应的提示。

2. 设计一个 Python 程序，使用循环结构实现一个简单的计算器，能够进行加、减、乘、除运算，并允许用户选择运算类型。

3. 编写一个 Python 程序，使用循环结构打印出所有的水仙花数（一个三位数，其各位数字的立方和等于该数本身，例如：$153=1^3+5^3+3^3$）。

4. 利用 Python 的循环结构实现一个程序，该程序可以统计并打印出一个文本文件中每个单词出现的次数。

5. 编写一个 Python 程序，使用循环和分支结构实现一个简单的文本菜单，用户可以从中选择执行不同的功能，例如：打印当前日期、计算两个数的和等。

任务四 校园一卡通系统用户管理模块

知识目标：

- 掌握列表的创建、索引访问和切片操作
- 熟练使用列表的常见方法和函数
- 理解元组和集合的定义与使用方法
- 理解字典的基本概念，掌握字典的常见操作

技能目标：

- 能够利用列表、元组和字典等数据结构实现信息存储和查询

素养目标：

- 能够根据不同的数据处理需求，选择合适的数据结构
- 具备良好的编码风格和习惯，编写的代码便于他人理解和维护
- 具有逻辑思维能力和问题解决能力，通过编写程序解决实际问题
- 能够通过查阅官方文档、社区论坛或搜索引擎等渠道解决问题

任务分析

本任务旨在开发校园一卡通系统用户管理模块。该用户管理模块支持学生用户和管理员用户的基本操作，包括用户信息的存储、查询、修改以及管理员的特定管理功能。本任务涉及用户信息的存储与管理，用户详细信息包括学号、密码、余额、状态（是否挂失、是否禁用）等。

用字典存储所有用户的信息，包括学号、密码、余额、状态（是否挂失、是否禁用）等。管理员在开卡时输入新用户的学号、密码。用户登录后，可以查询个人信息、修改密码、充值、消费、挂失、解锁；管理员可以给新用户开卡、查询卡片信息、重置密码、禁用卡片、解锁卡片、销卡。

通过无限循环和条件分支来实现用户交互。显示主菜单，提示用户输入选择，根据用户输入执行相应的功能模块，允许用户返回主菜单或退出系统。

知识储备

在大数据时代，数据处理变得尤为关键。除了数字和字符串这些基础数据类型外，我们还经常需要处理包含多种数据类型的混合数据。为了应对这种需求，Python 提供了组合数据类型，这些类型能够让我们在单一数据结构中存储和管理不同类型的数据。通过使用这些组合数据类型，程序员可以更加高效地编写代码，提升程序的整体性能。

在 Python 中，将探讨几种重要的组合数据类型，它们就像是生活中的容器，能够“容纳”多个元素。这些数据结构允许我们迭代访问其中的每一个元素，并使用 in 和 not in 等关键字来检查某个元素是否存在于容器中。

Python 里的组合数据类型包括列表（list）、元组（tuple）、字典（dict）和集合（set）。每一种都有其独特的用途和操作方式。例如，字典是 Python 中唯一的映射类型，它允许通过键值对来存储和检索数据。

值得注意的是，Python 中的序列类型（如列表和元组）支持双向索引。这意味着可以从左到右使用递增的索引值来访问元素，其中，第一个元素的索引为 0，第二个为 1，依此类推。同时，也可以从右到左使用递减的索引值，其中，从右边数第一个元素的索引为-1，第二个为-2，依此类推，如图 4-1 所示。

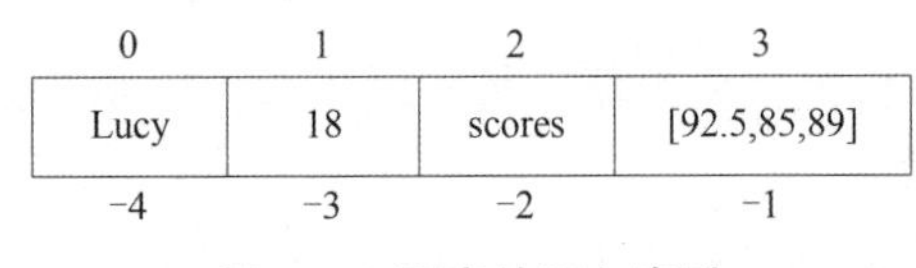

图 4-1　列表的双向索引

在接下来的任务中，将深入探讨每一种组合数据类型的细节和用法，从而帮助你更好地理解和利用它们在大数据处理中的优势。

4.1　列表（List）

假设要存储两个学生的姓名，可以定义两个变量，每个变量存放一个学生的姓名。但是如果要存储一个班级中的 100 名学生的姓名，还可以定义 100 个变量吗？如果一个学院有几千个学生，甚至更多，该怎么处理呢？

列表（list）可以很好地解决以上问题，列表是 Python 中的一种数据结构，它可以存储不同类型的数据。

4.1.1　列表的创建

列表（list）是一种有序的容器，放入 list 中的元素，将会按照一定顺序排列，创建一个列表，可以直接使用“ [ ] ”来创建，也可以使用 list( ) 函数创建。

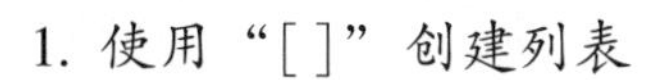

1. 使用“[]”创建列表

使用“[ ]”创建列表，只要把用逗号分隔的不同的数据项使用方括号括起来即可，列表的数据项不需要具有相同的类型。

```
names=['XiaoWang','XiaoLuo','XiaoZhang','XiaoLi']
scores=[95,60,75,86,89,100]
```

2. 使用 list( )函数创建列表

list( )函数接收一个可迭代类型的数据，返回一个列表，如下：

```
names=list(['XiaoWang','XiaoLuo','XiaoZhang','XiaoLi'])
scores=list([95,60,75,86,89,100])
```

小知识

可迭代对象

支持通过 for…in…语句迭代获取数据的对象叫作可迭代对象，字符串和列表类型的数据都可以迭代，它们是可迭代对象，后面即将学习的集合、字典、文件类型的数据也是可迭代对象。

4.1.2 列表元素的访问

列表中元素访问的方法有三种：一是通过索引方式访问，二是使用切片的方式进行访问，三是使用循环遍历的方式依次访问列表中的每个元素。以下分别介绍。

1. 以索引方式访问列表元素

与字符串的索引一样，列表索引也是从 0 开始，可以通过索引的方式来访问列表中的元素，如：

```
names=list(['XiaoWang','XiaoLuo','XiaoZhang','XiaoLi'])
print(names[0])
print(names[1])
print(names[2])
print(names[3])
```

运行效果如下：

```
XiaoWang
XiaoLuo
XiaoZhang
XiaoLi
```

2. 以切片方式访问列表元素

与字符串的切片一样，列表也可以使用切片的方式截取列表中的部分元素，从而得到一个新的列表。切片的语法格式如下：

```
List[m:n:step]
```

表示按照步长 step 获取列表中索引 m 到 n 对应的元素（不包括 list[n]），其中，step 默认为 1，m 和 n 可以省略。

```
scores=list([95,60,75,86,89,100])
print(scores[1:5])
print(scores[0:3:2])
print(scores[0:-2])
print(scores[0:3])
```

运行效果如下：

```
[60,75,86,49]
[45,75]
[45,60,75,86]
[45,60,75]
```

3. *以循环方式依次访问列表元素*

列表是一个可迭代对象，它可以通过 for 循环遍历元素。使用 for 循环遍历列表元素的方式很简单，只要将遍历的列表作为 for 循环的表达式序列即可。例如：

```
names=['XiaoWang','XiaoLuo','XiaoZhang','XiaoLi']
forname in names:
    print(name)
```

运行效果如下：

```
XiaoWang
XiaoLuo
XiaoZhang
XiaoLi
```

4.1.3 列表的常见操作

1. *列表元素的添加*

Python 提供了 append()、extend()、insert()三种方法向列表中添加元素，可以分别实现不同类型的需求，例如，向列表末尾添加元素，在指定位置添加元素等，以下分别具体介绍。

- append()

假设班上通过转专业来了一名新同学 XiaoZou，怎么把新同学添加到现有列表中呢？append()方法用于向列表末尾追加元素。

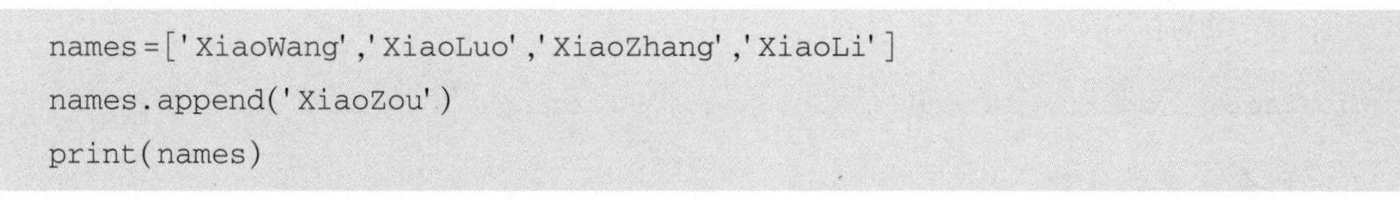

```
names=['XiaoWang','XiaoLuo','XiaoZhang','XiaoLi']
names.append('XiaoZou')
print(names)
```

添加完成后，新同学的姓名将出在列表末尾，运行效果如下所示。

```
['XiaoWang','XiaoLuo','XiaoZhang','XiaoLi','XiaoZou']
```

- extend()

假设通过转专业来的新同学有 2 人，已存储在一个列表中，先将新同学添加到班级原来的列表中，该如何实现呢?

append()方法用于向列表末尾一次性追加另一个列表中的所有元素，即使用新列表元素来扩展原来列表，可以用以下方式将新转来的同学添加到原列表中。

```
names=['XiaoWang','XiaoLuo','XiaoZhang','XiaoLi']
new_names=['XiaoZou','XiaoGuo']
names.extend(new_names)
print(names)
```

添加完成后，2 名新同学的姓名将出在列表末尾，运行效果如下所示。

```
['XiaoWang','XiaoLuo','XiaoZhang','XiaoLi','XiaoZou','XiaoGuo']
```

如果用 append()方法添加，可以得到不同的效果，将以上代码修改如下:

```
names=['XiaoWang','XiaoLuo','XiaoZhang','XiaoLi']
new_names=['XiaoZou','XiaoGuo']
names.append(new_names)
print(names)
```

运行效果如下所示。

```
['XiaoWang','XiaoLuo','XiaoZhang','XiaoLi',['XiaoZou','XiaoGuo']]
```

append()方法是将新列表作为一个元素整体添加到原来列表中。

- insert()

假设班级名单已按照字母顺序排序，names = ['XiaoLi','XiaoLuo','XiaoWang','XiaoZhang']，新转来的同学 XiaoMa 也要按照该顺序添加到列表中适当的位置，该如何实现呢?

insert()方法可以在列表中指定位置添加元素，该方法需要两个参数，分别是需要插入的位置，以及需要插入的元素。可以用 insert()函数实现此功能。具体如下:

```
names=['XiaoLi','XiaoLuo','XiaoWang','XiaoZhang']
names.insert(2,'XiaoMa')
print(names)
```

运行结果为：

```
['XiaoLi','XiaoLuo','XiaoMa','XiaoWang','XiaoZhang']
```

2. 列表元素的修改

假如发现新同学的姓名 XiaoMa 有录入错误，需要修改为 XiaoNa，通过下标可以修改列表中的元素，可以用如下代码来修改：

```
names=['XiaoLi','XiaoLuo','XiaoMa','XiaoWang','XiaoZhang']
names[2]='XiaoNa'
print(names)
```

运行结果为：

```
['XiaoLi','XiaoLuo','XiaoNa','XiaoWang','XiaoZhang']
```

3. 列表元素的删除

假如 XiaoLuo 同学因为家庭原因需要转学，如何把 XiaoLuo 从已有的列表里面删除呢？

删除列表元素的常见方法有 pop()、remove()、del 语句以及 clear()，区别如下：

- pop()：删除列表中最后一个元素。
- remove()：根据元素值进行删除。
- del：根据下标删除元素。
- clear()：用于清空列表。

下面分别用不同的方法来删除列表中的学生姓名。

```
names=['XiaoLi','XiaoLuo','XiaoNa','XiaoWang','XiaoZhang']
print('----------------修改前,列表 names 的数据----------------')
print(names)
names.pop()
print('----------------修改后,列表 names 的数据----------------')
print(names)
```

用 pop()方法将会删除列表中最后一个元素，运行结果如下：

```
----------------修改前,列表 names 的数据----------------
['XiaoLi','XiaoLuo','XiaoNa','XiaoWang','XiaoZhang']
----------------修改后,列表 names 的数据----------------
['XiaoLi','XiaoLuo','XiaoNa','XiaoWang']
```

由此可见，想要删除元素 'XiaoLuo'，不能使用 pop()方法，可以通过元素值或下标的方式来删除。使用 remove()方法或 del 语句来删除：

```
names=['XiaoLi','XiaoLuo','XiaoNa','XiaoWang','XiaoZhang']
print('----------------修改前,列表 names 的数据----------------')
print(names)
```

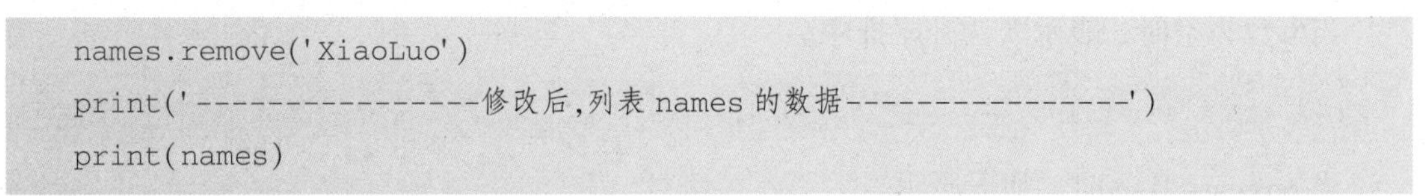

```
names.remove('XiaoLuo')
print('----------------修改后,列表 names 的数据----------------')
print(names)
```

或者

```
names=['XiaoLi','XiaoLuo','XiaoNa','XiaoWang','XiaoZhang']
print('----------------修改前,列表 names 的数据----------------')
print(names)
del names[1]
print('----------------修改后,列表 names 的数据----------------')
print(names)
```

以上两种方法运行结果均如下：

```
----------------修改前,列表 names 的数据----------------
['XiaoLi','XiaoLuo','XiaoNa','XiaoWang','XiaoZhang']
----------------修改后,列表 names 的数据----------------
['XiaoLi','XiaoNa','XiaoWang','XiaoZhang']
```

使用 clear( )方法时可以清空列表，列表为空，但列表依然存在。

思　考

如果使用 remove( )方法删除列表中元素时出现失误，待删除的元素不在列表中，会出现什么结果？

4.1.4 列表元素的排序

Python 中对列表元素排序可以使用 sort( )、sorted( )或者 revers( )方法来实现，三者的区别如下。

- sort( )：按特定顺序对列表元素进行排序。
- sorted( )：按升序排序列表元素，返回值为排序后的新序列，但是原列表不受影响。
- revers( )：逆置列表，即把列表元素逆序存放。

sort( )方法的语法格式如下：

```
sort(key=None,reverse=False)
```

其中，参数 key 是用来进行比较的元素，只有一个参数，具体的函数参数就是取自可迭代对象中，指定可迭代对象中的一个元素来进行排序。参数 reverse 指定排序规则，reverse=True 表示降序，reverse=False 表示升序（默认）。

```
scores=[95,60,75,86,89,100]
scores.sort()
print(scores)
```

当参数为空时，表示默认升序排序。

```
[60,75,86,89,95,100]
```

当 reverse=True 时，如下所示。

```
scores=[95,60,75,86,89,100]
scores.sort(reverse=True)
print(scores)
```

再如：

```
names=['XiaoWang','XiaoLuo','XiaoZhang','XiaoLi']
names.sort(key=len)
print(names)
```

len()函数可以计算字符串的长度，按照列表中每个字符串元素的长度排序。

4.1.5 列表的嵌套

列表嵌套是指在一个列表中包含另一个或多个列表作为其元素的情况，换句话说，列表嵌套就是将一个列表放置在另一个列表内部，从而创建了多层次的数据结构。如：

```
stu_info=['XiaoWang',[89,88,96]]
```

在以上示例中，列表 stu_info 包含两个元素：第一个元素是字符串类型，表示学生姓名；第二个元素是一个嵌套子列表，表示该学生的 3 门课成绩。

使用列表嵌套可以有效地组织和管理复杂的数据结构，例如二维数组、树形结构等，使数据处理和访问更加灵活和直观。

案例 4-1　学习小组随机分配

Python 兴趣小组目前有 8 名同学，请编写一个程序，帮老师将 8 名同学随机分成 3 个小组。

案例分析：

（1）定义一个包含 3 个空列表的嵌套列表 groups，表示分组情况，每个空列表代表一个小组，下标表示小组编号。

（2）定义一个列表 names，用来存储 8 位同学的姓名。

（3）遍历 names，取出每个学生姓名，随机生成一个代表小组下标的整数，将学生姓名添加到 groups 中该下标对应的内嵌列表中。

（4）输出每个小组的信息。

参考代码：

```
import random
names=['Lucy','Bob','Candy','David','Elly','Zeor','Jane','Amily']
```

```
groups=[[],[],[]]
for name in names:
    index=random.randint(0,2) # 0,1,2
    groups[index].append(name)
    # print(groups)
i=1
for group in groups:
    # print(group)
    print("第%d组有%d人:成员是:"%(i,len(group)))
    i=i+1
    for name in group:
        print("%s"%name,end=" ")
    print("\n",end="")
```

运行结果：

程序运行结果如图 4-2 所示。

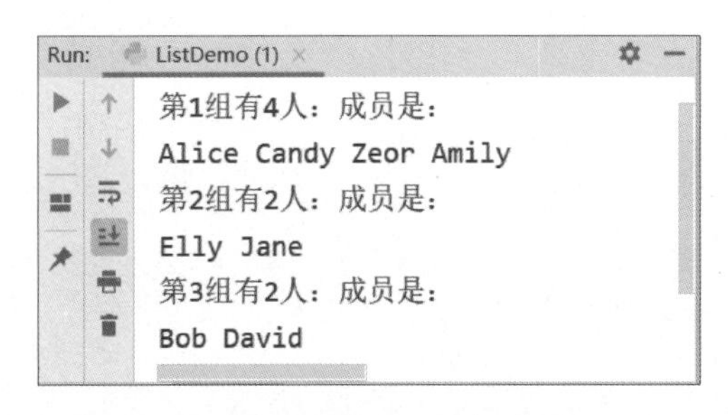

图 4-2　案例 4-1 运行结果

案例 4-2　毕业答辩评分系统

在毕业答辩过程中，通常由多名老师作为评委为学生打分，如图 4-3 所示。为了公平起见，需要编写一个程序来记录每位评委的打分，并去掉一个最高分和一个最低分，然后计算平均分作为学生的最终答辩成绩。

图 4-3　毕业答辩现场模拟图

案例分析：

（1）创建一个空列表来存储评委们的打分。

（2）通过循环，使用 append 方法将每位评委的打分添加到列表中。

（3）对列表进行排序。

（4）删除列表中的第一个和最后一个元素，即去掉最高分和最低分。

（5）计算剩余分数的平均值作为学生的最终成绩。

参考代码：

```
#初始化评委打分列表
scores=[]

#假设有5位评委
num_judges=5

#循环获取每位评委的打分,并添加到列表中
for i in range(num_judges):
    score=float(input(f"请输入第{i+1}位评委的打分:"))
    scores.append(score)

#对评委打分进行排序
scores.sort()
scores.pop(0) #移除最高分
scores.pop() #移除最低分

#计算剩余分数的平均值
total_score=sum(scores)
average_score=total_score /len(scores)

#输出学生的最终答辩成绩
print(f"学生的最终答辩成绩为:{average_score:.2f}分")
```

运行结果：

程序运行结果如图 4-4 所示。

```
请输入第1位评委的打分：89
请输入第2位评委的打分：90
请输入第3位评委的打分：99
请输入第4位评委的打分：80
请输入第5位评委的打分：78
学生的最终答辩成绩为：86.33分
```

图 4-4　案例 4-2 运行结果

4.2 元组（Tuple）

在 Python 中，元组（tuple）是一种有序且不可变的数据结构，用于存储多个元素。元组的元素可以是任意数据类型（例如整数、浮点数、字符串等），并且可以包含不同类型的元素。元组和列表一样，也支持索引访问、切片等操作。

4.2.1 定义元组（Tuple）

元组使用圆括号 ( ) 来定义，元素之间用逗号分隔。可以通过索引访问元组中的元素，索引从 0 开始。例如：

```
T=('XiaoWang','XiaoLuo','XiaoZhang','XiaoLi')
```

可以通过内置函数 tuple( )把不是元组的数据类型转换为元组，以下示例将列表转换成了元组。

```
L=['XiaoWang','XiaoLuo','XiaoZhang','XiaoLi']
T=tuple(L)
print(T) #运行结果:('XiaoWang','XiaoLuo','XiaoZhang','XiaoLi')
```

也可以通过内置函数 list( )把元组转换成列表。

```
T=('XiaoWang','XiaoLuo','XiaoZhang','XiaoLi')
L=list(T)
print(L) #运行结果:['XiaoWang','XiaoLuo','XiaoZhang','XiaoLi']
```

需要注意的是，元组是不可变的，也就是说，不能向元组中添加新元素，同时，元组中的每一个元素都不可被修改，若试图改变元组，程序会报错，如以下示例：

```
T=('XiaoWang','XiaoLuo','XiaoZhang','XiaoLi')
#替换元素
T[1]='XiaoLuo'   #报错:TypeError:'tuple' object does not support item assignment
```

4.2.2 访问元组元素的方法

可以通过索引访问、切片等方法访问元组元素，例如：

```
T=('XiaoWang','XiaoLuo','XiaoZhang','XiaoLi')
#通过下标的方式访问元素
print(T[0]) #运行结果:XiaoWang
print(T[1]) #运行结果:XiaoLuo
#切片
print(T[1:3]) #运行结果:('XiaoLuo','XiaoZhang')
```

元组一旦定义后，便不可被修改。在实际应用中，元组通常用于存放固定不变的数据。另外，元组还提供了一组便捷的方法访问 tuple 中的数据。

- count( )方法：用来统计元组中某个元素出现的次数。
- index( )方法：用来返回指定元素的下标。

使用 count 方法统计不存在的元素，程序不会报错，返回值为 0，表示元组里面有 0 个待统计的元素。

示例代码：

```
T=(10,10,20,20,30,30,10,30,60,70,90)
print(T.count(10)) #运行结果:3
print(T.count(60)) #运行结果:1
print(T.count(100)) #运行结果:0
```

index( )方法的返回值为指定元素的下标值，若一个元素在元组中多次出现，返回该元素第一次出现的下标值。

示例代码：

```
T=(10,10,20,20,30,30,10,30,60,70,90)
T.index(30) #运行结果:4 #多次出现,返回第一次出现的位置
T.index(60) #运行结果:8
T.index(100) #运行结果:0
T.index(100) #报错:ValueError:tuple.index(x):x not in tuple
```

需要注意的是，当指定的元素不存在时，index( )方法和 count( )方法的执行结果不同，count( )方法返回值为 0，而 index( )方法会报错。

案例 4-3　统计程序设计大赛中的满分同学数量

信息学院每年都举办程序设计大赛，如图 4-5 所示，2024 年度的程序设计大赛中，涌现出一批满分同学，本班参赛同学的成绩如下：（100,69,29,100,72,99,98,100,75,100,100,42,88,100），请统计本班同学满分（100 分）同学的数量。

图 4-5　程序设计大赛海报

案例分析：

（1）参赛同学的成绩已经公布，不可修改，可以使用元组来存放。

（2）元组中的 count( ) 函数可以实现统计元组中某个元素出现次数的功能。案例需要统计的是 100 分的同学数量，也就是统计元组中元素 100 的出现次数。

参考代码：

```
scores=(100,69,29,100,72,99,98,100,75,100,100,42,88,100)
print("本班参赛同学满分的人数有:%d个"%scores.count(100))
```

运行结果：

程序运行结果如图 4-6 所示。

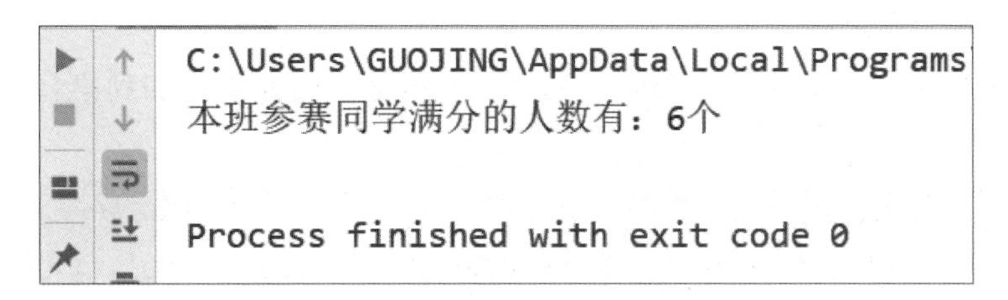

图 4-6　案例 4-3 运行结果

4.3　集合(Set)

4.3.1　集合的基本概念

Python 中的集合是一种无序且元素唯一的数据类型。由于集合中的元素是无序的，因此不支持通过索引来访问元素，集合是一种高效的用于存储唯一元素的数据结构。集合具有以下特性：

无序性：集合中的元素没有顺序，不支持通过索引访问。

唯一性：集合中不允许有重复的元素，即集合中的每个元素是唯一的。

在 Python 中，可以使用花括号{}或 set( ) 函数来创建集合，例如：

```
#使用大括号创建集合
set01={1,2,3,4,5}

#使用 set() 函数创建集合
set02=set([3,4,5,6,7])
```

但需要注意的是，使用花括号时，如果里面包含的元素不是通过逗号分隔的，那么它会被解释为字典而非集合。另外，需要使用 set( ) 函数来明确创建集合空集合，使用{}创建的是空字典，例如：

```
#使用大括号创建集合
set03={}
print(type(set03))  #输出结果为 dict 类型
```

4.3.3 集合的基本操作

以下是关于 Python 集合的一些重要特性和用法。

1. 添加元素

使用 add() 方法向集合中添加单个元素，例如：

```
my_set.add(6)
```

2. 更新集合

使用 update()方法可以将一个集合、列表、元组等中的元素添加到集合中，自动去重，例如：

```
set01.update([5,6,7])
print(set01)  #输出可能包括{4,5,6,7}(取决于前面是否已修改 set01)
```

3. 移除元素

使用 remove() 或 discard() 方法移除集合中的元素。remove() 方法在元素不存在时会引发 KeyError，而 discard() 方法不会，例如：

```
my_set.remove(3)
```

4. 遍历集合

可以使用 for 循环来遍历集合中的元素，例如：

```
for element in my_set:
    print(element)
```

5. 集合的其他操作

➢ len(set)：返回集合中元素的数量。

➢ set. isdisjoint(other_set)：如果两个集合没有交集，返回 True。

➢ set. issubset(other_set)：如果集合是另一个集合的子集，返回 True。

➢ set. issuperset(other_set)：如果集合是另一个集合的超集，返回 True。

集合是 Python 中一个非常有用的数据类型，尤其适合需要快速进行去重、成员测试、集合运算等操作的场景。

4.4 字典（Dict）

4.4.1 字典的基本概念

根据前面介绍，列表和元组可以用来表示顺序集合，例如，班里同学的名字：['Lucy',

'Bob','Candy','David','Ellena']、['XiaoWang','XiaoLuo','XiaoZhang','XiaoLi']，或者考试成绩：[95,60,75,86,89,100]，如果想要同学的姓名和成绩一一对应地存储在同一个数据结构中，该如何处理呢？使用字典就可以保存“姓名”->“成绩”的映射。

字典是另一种可变组合数据类型，可存储任意类型对象。字典的每个键值 key->value 对用冒号（:）分割，每个键值对之间用逗号（,）分割，字典元素使用大括号{}组织，格式如下所示。

```
d={key1:value1,key2:value2}
```

例如：

```
d1={'XiaoLiu':85,'XiaoLuo':90,'XiaoZou':75,'XiaoLi':86}
```

以上示例中使用大括号{}表示一个字典，一个元素是一个键值对，key 和 value 之间使用冒号分割，并且元素之间以逗号分割。也可以使用内置函数 dict()定义一个字典：

```
d1=dict()
print(d1) # 运行结果:{}
```

以上示例中，得到一个空字典{}，后面可以继续向字典中添加数据。

4.4.2 字典的基本操作

1. 字典元素的访问

当我们创建了一个字典，保存姓名和成绩的对应关系后，当想通过姓名查询该同学的成绩时，该如何处理？这就涉及字典元素的访问方法，Python 中，可以通过“键”或内置方法 get()访问字典的值。例如：

```
d1={'Math':'98','Python':'96'}
print(d1['Python'])
print(d1.get('Math'))
```

以上示例中，使用键 'Python' 获取了第二个元素的值 96，使用内置函数 get()获取了第一个元素的值 98。

字典元素分包括键、值两部分，一个元素是一个键值对。除了以上两种访问元素值的方法外，Python 还提供了内置方法 keys()、values()和 items()，帮助我们方便快捷地获取字典中的信息，例如：

```
stu_info={'name':'XiaoWang','score':[89,88,96]}
print(stu_info.keys())
print(stu_info.values())
print(stu_info.items())
```

运行结果：

```
dict_keys ( ['name', 'score'] )
dict_values ( ['XiaoWang', [89, 88, 96] ] )
```

内置方法 keys()、values()和 items()的返回值都是可迭代对象，可以使用循环进一步遍历这些对象，例如：

```
stu_info={'name':'XiaoWang','score':[89,88,96]}
print("------遍历所有键值------")
for key in stu_info.keys():
    print(key)
print("------遍历所有值------")
for key in stu_info.values():
    print(key)
print("------遍历所有元素------")
for key in stu_info.items():
    print(key)
```

运行结果：

```
------遍历所有键值------
name
score
------遍历所有值------
XiaoWang
[89,88,96]
------遍历所有元素------
('name','XiaoWang')
('score',[89,88,96])
```

2. 字典元素的添加和更新

字典支持通过为指定的键赋值或使用 update()方法来添加或修改元素。通过键添加元素：字典变量[键]=值；使用 update()添加元素：dict. update(key=value)。

```
stu_info={'name':'XiaoWang','score':[89,88,96]}
stu_info['age']=18
stu_info.update(height=165)
print(stu_info)
```

运行结果：

```
{'name':'XiaoWang','score':[89,88,96],'age':18,'height':165}
```

字典元素的修改方法与添加元素的方法完全相同，区别在于，当该键在字典中存在时，执行的是修改操作，若该键不在字典中，则是添加新元素的操作。修改字典元素的本质是通过键获取值，再重新对元素进行赋值，例如：

```
stu_info={'name':'XiaoWang','score':[89,88,96]}
stu_info['age']=18  #添加新元素
stu_info.update(height=165) #添加新元素
stu_info['age']=20  #修改已有元素的值
stu_info.update(height=170) #修改已有元素的值
print(stu_info)
```

运行结果：

```
{'name':'XiaoWang','score':[89,88,96],'age':20,'height':170}
```

3. 字典元素的删除

在学生信息字典 stu_info 中，若想要删除该学生的某个信息，就需要使用删除字典元素的方法。Python 提供了一组方法用于删除字典中的元素，分别是 pop( )、popitem( )和 clear( )方法，以下分别介绍。

- pop( )：根据指定键值删除字典中的指定元素

pop( )方法允许快速删除元素，根据指定键删除字典元素，若字典中存在该元素，则删除成功，并返回删除元素的值，例如：

```
stu_info= {'name': 'XiaoWang', 'score': [89, 88, 96], 'age': 20, 'height': 170}
print (stu_info.pop ('age') )
print (stu_info)
```

运行结果：

```
20
{'name':'XiaoWang','score':[89,88,96],'height':170}
```

- popitem( )：随机删除字典中的元素

使用 popitem( )方法可以随机删除字典中的元素，因为字典本身是无序的，字典元素没有索引值，若删除成功，popitem( )方法返回为被删除的元素，例如：

```
stu_info={'name':'XiaoWang','score':[89,88,96],'age':20,'height':170}
#print(stu_info.pop('age'))
print(stu_info.popitem())
print(stu_info)
```

运行结果：

```
('height',170)
{'name':'XiaoWang','score':[89,88,96],'age':20}
```

- clear( )：清空字典中的元素

以上删除元素的方法删除的是字典中的某个元素，而 clear( )方法则用于清空字典中的元素，使用该方法时，字典将变为空字典，例如：

```
stu_info={'name':'XiaoWang','score':[89,88,96],'age':20,'height':170}
stu_info.clear()
print(stu_info)
```

运行结果：

```
{}
```

案例 4-4　图书借阅管理系统

在一个图书馆中，管理员需要管理图书的借阅情况。为了方便管理，设计了一个简单的图书借阅管理系统。该系统允许管理员添加图书信息、记录借阅和归还操作，以及查询图书的借阅状态。系统使用字典来存储图书的信息，包括图书的编号、书名和借阅状态。管理员可以通过输入特定的命令来与系统进行交互，执行相应的操作。每次操作后，系统都会更新并显示当前的图书信息，以便管理员随时查看。

本案例要求编写代码，实现一个图书借阅管理系统，通过字典来存储图书的信息和借阅状态，通过输入命令来执行添加图书、借阅、归还和查询等操作。

案例分析：

（1）使用字典来存储图书的信息，包括编号、书名和借阅状态。

（2）通过 while 循环和条件语句实现用户输入的处理和命令的执行。

（3）根据用户输入的命令，执行相应的字典操作来更新图书信息。

（4）每次操作后，重新显示当前的图书信息，以便管理员查看。

参考代码：

```
#初始化图书信息字典
books={
    '001':{'title':'图书一','borrowed':False},
    '002':{'title':'图书二','borrowed':False},
    '003':{'title':'图书三','borrowed':False},
    #... 其他图书信息
}

while True:
    #打印当前图书信息
    print("\n当前图书信息:")
    for book_id,info in books.items():
        print(f"编号:{book_id},书名:{info['title']},借阅状态:{'已借阅' if info['
borrowed'] else '可借阅'}")

    #获取用户输入
```

```
    command=input("\n 请输入命令(添加图书/借阅/归还/查询/退出):")

    # 根据命令执行相应操作
    if command=='添加图书':
        book_id=input("请输入图书编号:")
        title=input("请输入图书名称:")
        books[book_id]={'title':title,'borrowed':False}
        print(f"图书 {title} 已添加到系统中。")
    elif command=='借阅':
        book_id=input("请输入要借阅的图书编号:")
        if book_id in books and not books[book_id]['borrowed']:
            books[book_id]['borrowed']=True
            print(f"图书 {books[book_id]['title']} 已借阅。")
        else:
            print("图书不存在或已被借阅。")
    elif command=='归还':
        book_id=input("请输入要归还的图书编号:")
        if book_id in books and books[book_id]['borrowed']:
            books[book_id]['borrowed']=False
            print(f"图书 {books[book_id]['title']} 已归还。")
        else:
            print("图书不存在或未借阅。")
    elif command=='查询':
        book_id=input("请输入要查询的图书编号:")
        if book_id in books:
            print(f"图书 {books[book_id]['title']}的借阅状态为:{'已借阅' if books
[book_id]['borrowed'] else '可借阅'}")
        else:
            print("图书不存在。")
    elif command=='退出':
        print("谢谢使用图书借阅管理统,再见!")
        break
    else:
        print("无效的命令,请重新输入。")
```

运行结果：

程序运行结果如图 4-7 所示。

```
请输入命令（添加图书/借阅/归还/查询/退出）：查询
请输入要查询的图书编号：003
图书 图书三的借阅状态为：可借阅

当前图书信息：
编号：001，书名：图书一，借阅状态：可借阅
编号：002，书名：图书二，借阅状态：已借阅
编号：003，书名：图书三，借阅状态：可借阅

请输入命令（添加图书/借阅/归还/查询/退出）：归还
请输入要归还的图书编号：002
图书 图书二 已归还。

当前图书信息：
编号：001，书名：图书一，借阅状态：可借阅
编号：002，书名：图书二，借阅状态：可借阅
编号：003，书名：图书三，借阅状态：可借阅

请输入命令（添加图书/借阅/归还/查询/退出）：退出
谢谢使用图书借阅管理统，再见！

当前图书信息：
编号：001，书名：图书一，借阅状态：可借阅
编号：002，书名：图书二，借阅状态：可借阅

请输入命令（添加图书/借阅/归还/查询/退出）：添加图书
请输入图书编号：003
请输入图书名称：图书三
图书 图书三 已添加到系统中。

当前图书信息：
编号：001，书名：图书一，借阅状态：可借阅
编号：002，书名：图书二，借阅状态：可借阅
编号：003，书名：图书三，借阅状态：可借阅

请输入命令（添加图书/借阅/归还/查询/退出）：借阅
请输入要借阅的图书编号：002
图书 图书二 已借阅。

当前图书信息：
编号：001，书名：图书一，借阅状态：可借阅
编号：002，书名：图书二，借阅状态：已借阅
编号：003，书名：图书三，借阅状态：可借阅
```

图 4-7　案例 4-4 运行结果

任务实现

知识储备中，学习了列表、元组、字典等组合数据类型，在此基础上，可以选择适当的数据类型来存储一卡通系统中的用户数据，本任务主要实现第一个可用的一卡通管理系统的版本。

变量初始化：

➢ users：一个空字典，用于存储用户信息。每个用户的学号作为键，对应的值是另一个字典，包含用户的密码、余额、卡片状态和操作记录。

➢ admin_password：一个字符串，设置为 "123456"，作为管理员登录的默认密码。

主循环：

➢ 程序进入一个无限循环，显示主菜单，并提示用户输入选择（1-3）：

学生用户操作（当输入 1 时）：

➢ 用户输入学号。

➢ 如果学号存在于 users 字典中，检查卡片是否被管理员禁用。

➢ 如果卡片被禁用，提示用户联系管理员。

➢ 如果卡片未被禁用，用户输入密码进行验证。

➢ 如果密码正确，进入学生用户功能菜单，可以选择：

- 查询个人信息和余额。
- 修改密码。
- 充值（输入金额，检查金额是否大于 0，更新余额和记录）。
- 消费（输入金额，检查卡片是否已经自主报停、余额是否足够，更新余额和记录）。
- 报停和复通卡片。
- 退回主菜单或退出系统。

➢ 如果密码错误或学号不存在，给出相应提示。

管理员用户操作（当输入 2 时）：

➢ 用户输入管理员密码。

➢ 如果密码正确，进入管理员功能菜单，可以选择：

- 开卡（输入新学号，设置密码，创建新用户）。
- 查询卡片信息（输入学号，显示用户信息和记录）。
- 重置密码（输入学号和新密码，更新用户密码）。
- 禁用或解锁卡片（输入学号，更新用户状态）。
- 销卡（输入学号，删除用户信息）。
- 退回主菜单或退出系统。

➢ 如果管理员密码错误，给出提示。

退出系统（当输入 3 时）：

➢ 程序打印退出信息，并退出当前循环，返回主循环。

输入错误处理：

➢ 如果用户输入的不是 1、2 或 3，程序会提示无效选择，并要求重新输入。

代码逻辑和结构：

➢ 代码使用了 while 循环来持续显示主菜单，直到用户选择退出。

➢ 通过 if-elif-else 结构来处理用户的输入，并根据输入调用不同的功能代码块。

➢ 每个功能都通过嵌套的循环来处理用户的进一步选择，直到用户选择返回或退出。

➢ 使用 datetime 模块来获取当前时间，用于记录充值和消费的时间戳。

参考代码：

```
import datetime
```

```
# 初始化一卡通用户数据
users = {}

# 管理员默认密码
admin_password = "123456"

while True:
    print("*****主菜单*****")
    choice = input("请选择用户类型(1-3):\n1.学生用户\n2.管理员用户\n3.退出\n")

    if choice == "1":
        # 学生用户登录
        student_id = input("请输入学号:")
        if student_id in users:
            user = users[student_id]
            if user["disabled"]:
                print("该卡已被管理员禁用,请联系管理员解锁!")
            else:
                password = input("请输入密码:")
                if password == user["password"]:
                    while True:
                        print("*****欢迎使用学生端系统*****")
                        student_choice = input("请选择功能(1-8):\n1.个人信息查询\
n2.修改密码\n3.充值\n4.消费\n5.挂失\n6.解锁\n7.退回主菜单\n8.退出系统\n")
                        if student_choice == "1":
                            print(f"学号:{student_id},余额:{user['balance']},状态:
{'正常使用中' if not user['suspended'] else '已挂失'}")
                            if user["records"]:
                                print("充值及消费记录:")
                                for record in user["records"]:
                                    print(record)
                            else:
                                print("该卡无充值消费记录")
                        elif student_choice == "2":
                            # 修改密码
                            old_password = input("请输入原密码:")
                            if old_password == user["password"]:
                                new_password = input("请输入新密码:")
                                user["password"] = new_password
                                print("密码修改成功!")
```

```
                    else:
                        print("原密码错误!")
                elif student_choice=="3":
                    # 充值
                    amount=float(input("请输入充值金额:"))
                    if amount>0:
                        user["balance"]+=amount
                                user["records"].append(f"充值时间:
{datetime.datetime.now().strftime('%Y-%m-%d %H:%M:%S')},充值金额:{amount},余额
{user['balance']}")
                        print(f"充值成功,当前余额:{user['balance']}")
                    else:
                        print("充值金额必须大于0!")
                elif student_choice=="4":
                    # 消费
                    if user["suspended"]:
                        print("卡片已挂失,请先解锁后再消费!")
                    else:
                        amount=float(input("请输入消费金额:"))
                        if amount>0:
                            if user["balance"]>=amount:
                                user["balance"]-=amount
                                record=f"消费时间:{datetime.datetime.now()
.strftime('%Y-%m-%d %H:%M:%S')},消费金额:{amount},余额{user['balance']}"
                                user["records"].append(record)
                                print(f"消费成功,当前余额:{user['balance']}")
                            else:
                                print("余额不足,无法消费!")
                        else:
                            print("消费金额必须大于0!")
                elif student_choice=="5":
                    # 挂失
                    user["suspended"]=True
                    print("卡片已挂失!")
                elif student_choice=="6":
                    # 解锁
                    user["suspended"]=False
                    print("卡片已解锁!")
                elif student_choice=="7":
                    break
```

```
                elif student_choice=="8":
                    print("已退出系统")
                    exit()
                else:
                    print("无效选择,请重新输入")
            else:
                print("密码错误!")
        else:
            print("该学号不存在,请先开卡!")

    elif choice=="2":
        #管理员登录
        password=input("请输入管理员密码:")
        if password==admin_password:
            while True:
                print("*****欢迎使用管理端系统*****")
                admin_choice=input("请选择功能(1-8):\n1.开卡\n2.卡片查询\n3.重置
密码\n4.禁用卡片\n5.解锁卡片\n6.销卡\n7.退回主菜单\n8.退出系统\n")
                if admin_choice=="1":
                    #开卡
                    student_id=input("请输入学号:")
                    if student_id in users:
                        print("该学号已存在!")
                    else:
                        password=input("请设置密码:")
                        users[student_id]={"password":password,"balance":0,"
disabled":False,"suspended":False,"records":[]}
                        print("开卡成功!")
                elif admin_choice=="2":
                    #卡片查询
                    student_id=input("请输入要查询的学号:")
                    if student_id in users:
                        user=users[student_id]
                        print(f"学号:{student_id},密码:{user['password']},余额:
{user['balance']},是否禁用:{'已禁用' if user['disabled'] else '未禁用'},是否挂失:{'用户
已挂失' if user['suspended'] else '未挂失'}")
                        if user["records"]:
                            print("充值及消费记录:")
                            for record in user["records"]:
                                print(record)
```

```
            else:
                print("该卡无充值消费记录")
        else:
            print("该学号不存在!")
    elif admin_choice=="3":
        # 重置密码
        student_id=input("请输入要重置密码的学号:")
        if student_id in users:
            new_password=input("请输入新密码:")
            users[student_id]["password"]=new_password
            print("密码重置成功!")
        else:
            print("该学号不存在!")
    elif admin_choice=="4":
        # 锁定
        student_id=input("请输入要禁用的学号:")
        if student_id in users:
            users[student_id]["disabled"]=True
            print("禁用成功!")
        else:
            print("该学号不存在!")
    elif admin_choice=="5":
        # 解锁
        student_id=input("请输入要解锁的学号:")
        if student_id in users:
            users[student_id]["disabled"]=False
            print("解锁成功!")
        else:
            print("该学号不存在!")
    elif admin_choice=="6":
        # 销卡
        student_id=input("请输入要销卡的学号:")
        if student_id in users:
            del users[student_id]
            print("销卡成功!")
        else:
            print("该学号不存在!")
    elif admin_choice=="7":
        break
    elif admin_choice=="8":
```

```
                print("已退出系统")
                exit()
            else:
                print("无效选择,请重新输入")
    else:
        print("密码错误!")

elif choice=="3":
    print("已退出系统")
    break

else:
    print("无效选择,请重新输入")
```

运行结果:

程序运行结果如图 4-8 所示。

```
*****主菜单*****
请选择用户类型(1-3):
1.学生用户
2.管理员用户
3.退出
2
请输入管理员密码:123456
*****欢迎使用管理端系统*****
请选择功能(1-8):
1.开卡
2.卡片查询
3.重置密码
4.禁用卡片
5.解锁卡片
6.销卡
7.退回主菜单
8.退出系统
1
请输入学号:10001
请设置密码:123456
开卡成功!
*****欢迎使用管理端系统*****
请选择功能(1-8):
1.开卡
2.卡片查询
3.重置密码
4.禁用卡片
5.解锁卡片
6.销卡
7.退回主菜单
8.退出系统
```

图 4-8　任务四运行结果

```
2
请输入要查询的学号:10001
学号: 10001, 密码: 123456, 余额: 0, 是否禁用: 未禁用, 是否挂失: 未挂失
该卡无充值消费记录
*****欢迎使用管理端系统*****
请选择功能(1-8):
1.开卡
2.卡片查询
3.重置密码
4.禁用卡片
5.解锁卡片
6.销卡
7.退回主菜单
8.退出系统
4
请输入要禁用的学号:10001
禁用成功!
*****欢迎使用管理端系统*****
请选择功能(1-8):
1.开卡
2.卡片查询
3.重置密码
4.禁用卡片
5.解锁卡片
6.销卡
7.退回主菜单
8.退出系统
2
请输入要查询的学号:10001
学号: 10001, 密码: 123456, 余额: 0, 是否禁用: 未禁用, 是否挂失: 未挂失
该卡无充值消费记录
*****欢迎使用管理端系统*****
请选择功能(1-8):
1.开卡
2.卡片查询
3.重置密码
4.禁用卡片
5.解锁卡片
6.销卡
7.退回主菜单
8.退出系统
7
*****主菜单*****
请选择用户类型(1-3):
1.学生用户
2.管理员用户
3.退出
1
请输入学号:10001
该卡已被管理员禁用,请联系管理员解锁!
*****主菜单*****
请选择用户类型(1-3):
1.学生用户
2.管理员用户
3.退出
2
请输入管理员密码:123456
```

图 4-8　任务四运行结果（续）

```
*****欢迎使用管理端系统*****
请选择功能(1-8):
1.开卡
2.卡片查询
3.重置密码
4.禁用卡片
5.解锁卡片
6.销卡
7.退回主菜单
8.退出系统
5
请输入要解锁的学号:10001
解锁成功!
*****欢迎使用管理端系统*****
请选择功能(1-8):
1.开卡
2.卡片查询
3.重置密码
4.禁用卡片
5.解锁卡片
6.销卡
7.退回主菜单
8.退出系统
2
请输入要查询的学号:10001
学号: 10001, 密码: 123456, 余额: 0, 是否禁用: 未禁用, 是否挂失: 未挂失
该卡无充值消费记录
*****欢迎使用管理端系统*****
请选择功能(1-8):
1.开卡
2.卡片查询
3.重置密码
4.禁用卡片
5.解锁卡片
6.销卡
7.退回主菜单
8.退出系统
7
```

图 4-8 任务四运行结果（续）

拓展案例 党的二十大报告关键词出现频率统计

党的二十大报告是中国共产党第二十次全国代表大会的重要文件，其中包含了丰富的政治理念、政策方向和发展目标。本案例旨在通过 Python 编程，对党的二十大报告中的关键词进行出现频率统计，从而了解报告中各个关键词的重要性和强调程度，为进一步研究党的二十大报告提供数据支持。在后面任务中，会使用 WordCloud 库将结果用词云呈现。

案例分析：

阶段一：实现党的二十大报告关键词出现频率统计的文本式展示。

（1）数据准备：确保获取到的党的二十大报告文本数据的准确性和完整性，并进行必要的预处理，如去除标点符号、转换为小写等。

（2）分词处理：使用 jieba 库进行分词，确保分词结果的准确性和一致性。

（3）关键词提取：根据党的二十大报告的主题和内容，制定关键词提取规则或使用现有的关键词列表，确保提取的关键词能够反映报告的核心内容。

（4）频率统计与排序：使用字典记录关键词出现的次数，并对统计结果进行排序，以便观察关键词的重要性和强调程度。

阶段二：实现党的二十大报告关键词出现频率统计的词云效果展示，此部分在教材第二部分任务三中实现。

参考代码：

```
import jieba

#党的二十大报告的文本内容保存在 report.txt 中
f=open('report.txt',encoding='utf-8')
report_text=f.read()
f.close()
#分词处理
word_list=jieba.lcut(report_text)

#关键词列表(根据重点扩展)
key_words=[]

#统计关键词出现频率
keyword_counts={}
for word in word_list:
    if len(word)==1:
            continue
    if word in keyword_counts:
            keyword_counts[word] +=1
    else:
            keyword_counts[word]=1

#对关键词出现频率进行排序
sorted_kw_counts=sorted(keyword_counts.items(),key=lambda x:x[1],reverse=
True)
```

```
# 输出排名前 15 的关键词
for i in range(15):
    print(f"{sorted_kw_counts[i][0]}:{sorted_kw_counts[i][1]}")
    key_words.append(sorted_kw_counts[i][0])

# 输出关键字列表
print(key_words)
```

运行结果:

程序运行结果如图 4-9 所示。

```
Building prefix dict from the default dictionary ...
Dumping model to file cache C:\Users\GUOJING\AppData\Local\Temp\jieba.cache
Loading model cost 1.140 seconds.
Prefix dict has been built successfully.
发展: 218
坚持: 170
建设: 150
人民: 134
中国: 123
社会主义: 114
国家: 109
体系: 109
推进: 107
全面: 101
加强: 92
我们: 87
现代化: 85
制度: 76
完善: 73
['发展', '坚持', '建设', '人民', '中国', '社会主义', '国家', '体系', '推进', '全面', '加强', '我们', '现代化', '制度', '完善']
```

图 4-9　拓展案例运行结果

任务总结

在本任务的知识储备中，详细介绍了 Python 中的列表、元组、集合和字典等数据结构，并通过学习小组随机分配、毕业答辩评分系统、程序设计大赛满分统计等案例，进一步掌握不同数据结构在实际问题中的应用。本任务最终设计并实现校园一卡通系统的用户管理模块的功能，读者可以进一步尝试一卡通系统中其他功能的实现。

任务评价

通过本任务的实践，可以帮助读者更加熟练地设计和实现复杂系统中的数据管理模块，从而提高系统的效率和可靠性。

一、选择题

1. 在 Python 中，(　　) 是可变的数据结构。

A. 列表 (List)　　B. 元组 (Tuple)

C. 字典 (Dictionary)　　D. A 和 C

2. 以下 (　　) 操作是无效的，因为它试图修改一个元组。

A. tuple_var=(1,2,3)　　B. tuple_var[1]=4

C. new_tuple=(1,)　　D. tuple_var=tuple_var+(4,)

3. 字典中的元素通过 (　　) 来访问。

A. 索引 (Index)　　B. 键 (Key)

C. 值 (Value)　　D. 长度 (Length)

4. 创建一个包含单个元素的元组的方法是 (　　)。

A. tuple_var=1　　B. tuple_var=(1)

C. tuple_var={1}　　D. tuple_var=(1,)

5. 以下 (　　) 操作是尝试从字典中获取不存在的键所对应的值，并且能够优雅地处理找不到键的情况。

A. value=dict_var[key]

B. value=dict_var.get(key,'默认值')

C. value=dict_var.keys()[key]

D. value=dict_var.values()[key]

二、思考题

1. 比较列表和元组的主要区别，并说明在哪些情况下会选择使用列表而不是元组，反之亦然。

2. 解释字典中"键"和"值"的概念，并说明它们之间的关系。

3. 讨论 Python 中列表推导式和字典推导式的用途及其优势。

三、实践题

1. 编写一个 Python 程序，使用列表存储一系列学生的姓名和成绩，然后计算并输出所有学生的平均成绩。

2. 定义一个字典，用于存储不同城市的人口数。然后编写代码，以添加一个新城市的人口数据，并修改一个已存在城市的人口数据。最后打印出更新后的字典。

任务五

校园一卡通系统功能封装

任务目标

知识目标：

- 理解函数的定义和调用，以及函数的嵌套
- 掌握函数参数的传递方式和函数的返回值使用方法
- 理解递归函数和匿名函数的概念及其应用场景

技能目标：

- 能够使用函数封装程序功能，提高系统的可维护性和扩展性
- 能够利用递归函数解决相关问题
- 能够灵活运用匿名函数来简化代码
- 能够通过查阅官方文档、社区论坛或搜索引擎等渠道来解决问题
- 具备良好的编码风格和习惯，编写的代码便于他人理解和维护

素养目标：

- 严格遵守编程规范，包括良好的命名习惯和文档注释习惯
- 具备良好的编程习惯，注重代码的模块化和可重用性
- 能够通过抽象和封装将复杂问题简化为可管理的部分
- 增强逻辑思维和算法设计能力，能够灵活运用函数来解决实际问题

任务分析

任务四中使用字典存储用户数据，使用分支结构和循环结构实现了校园一卡通系统的用户管理模块，但是代码量较大，增加了阅读和维护的难度。

本任务要求通过函数封装和模块化设计思想，对校园一卡通系统用户管理模块进行重构和封装，以降低代码的复杂度，提高代码的可读性和可重用性。

分析校园一卡通系统用户管理模块的功能，并将其拆分为多个独立的模块，每个模块负责实现一个或多个功能。在每个模块内部，使用函数封装具体的实现细节，确保每个函数具有清晰的输入、输出和错误处理逻辑。重构后的代码应具有更高的可读性、可维护性和可扩展性。

函数是一种封装了特定功能或相关功能的代码块，该代码块具有自己的名称，可以在程序中被多次调用。在程序设计中，函数可以看作可重复使用的命名代码片段，可以通过“函数名()”的形式在需要的地方调用。例如，前面经常使用的 print() 和 input() 就是两个函数的例子。这些函数是系统预定义的，可以直接调用两个函数来实现打印输出和接收输入的功能。

函数式编程具有很多优点，如将程序模块化，有效减少冗余代码，使程序结构更加清晰；提升开发人员的编码效率；便于后期的维护与扩展等。本任务将详细介绍函数的基本概念、定义和调用方法、参数传递方式、返回值处理、变量作用域等关键知识点。掌握对函数的运用不仅能够使程序结构更加清晰，还能显著提高开发效率。

5.1 函数的定义和调用

5.1.1 函数的定义

Python 中，函数是一段组织好的、可重复使用的代码块，用于执行某个特定的任务。通过 def 关键字进行定义函数，并指定一个函数名、参数列表和函数体，使用冒号表示函数头，函数体则是缩进的代码块，其语法格式如下：

```
def 函数名(参数1,参数2,…,参数N):
    """函数文档字符串(可选)"""
函数体
    #可以通过return语句返回一个值(可选)
    return 返回值
```

➢ def：Python 中定义函数的关键字。

➢ 函数名：给函数起的名字，这个名字应该具有描述性，以便其他人（或你自己）能够理解这个函数的作用。

➢ (参数1，参数2，…，参数N)：函数的参数列表，参数是可选的，可以没有参数，也可以有多个参数。

➢ """函数文档字符串（可选)"""：一个可选的文档字符串（docstring)，用于解释函数的作用、参数和返回值等信息。

➢ 函数体：实现函数功能的代码块，通常包含一条或多条 Python 语句。

➢ return：返回值，可选项，用于从函数返回一个值给调用者。如果函数没有 return 语句，或者 return 后面没有跟任何值，那么函数默认返回 None。

例如，定义一个计算两个数之和的函数，既可以定义成无参函数，也可以定义成有参函数。无参函数的示例代码如下：

```
def greet_simple():
    """简单的打招呼函数,无参数无返回值"""
    print("Hello!")

# 调用函数
greet_simple()  # 输出:Hello!
```

以上函数的功能是打印出打招呼语句“Hello!”。无参函数无法向函数中传递数据，所以只能实现特定功能，若定义成有参函数，示例代码如下：

```
def greet_with_name(name):
    """带有参数的打招呼函数,有参数无返回值"""
    print(f"Hello,{name}!")

# 调用函数
greet_with_name("Alice")  # 输出:Hello,Alice!
```

以上函数的功能是实现向 Alice 打招呼，name 的值通过调用函数时传递的实参值来决定，所以可以实现向任意一个人打招呼的结果。

5.1.2 函数的调用

函数在定义后不会立刻被执行，只有被调用时才会执行。调用函数即使用函数名和参数列表来执行函数定义中的代码，函数调用的语句出现在函数定义的代码之后，其语法格式如下：

```
函数名([参数列表])
```

例如：

```
greet_with_name("Alice")
```

函数调用语句中，参数列表中的参数是实际参数，简称实参，可以是 0 个或多个，多个实参用逗号（,）间隔。而函数定义时，函数名后的参数列表中的参数是形式参数，简称为形参。函数调用时的实参个数一般要与形参个数保持一致，当然，Python 中还有比较灵活的不定长参数，实参个数可以是多个。

调用 greet_with_name("Alice")函数时，程序的执行流程可以用图 5-1 表示。

（1）在调用函数 greet_with_name()的位置暂停执行，转向函数定义部分。

（2）实现参数传递，将实参“Alice”传递给函数形参 name。

（3）执行函数体中的语句，输出“Hello，Alice!”。

（4）回到暂停处，即函数调用语句继续执行。

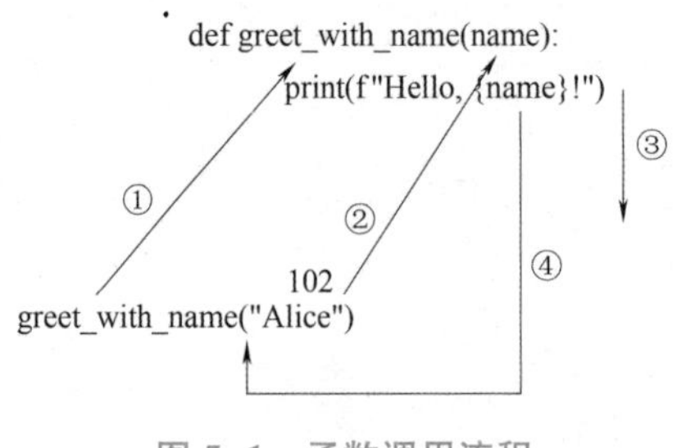

图 5-1　函数调用流程

5.1.3 函数的嵌套

Python 中，函数嵌套是指在一个函数的函数体内部定义和调用另一个函数。函数嵌套有助于组织和管理复杂的程序逻辑，提高代码的可重用性和可维护性。下面将详细介绍函数嵌套的概念、定义方法以及实际应用场景。

1. 函数嵌套定义

Python 中可以嵌套定义函数。函数嵌套定义指的是在一个函数定义时，可以在其内部嵌套定义另一个函数，此时嵌套的函数称为外层函数，被嵌套的函数称为内层函数，例如：

```
# 这是一个外部函数
def outer_function():
    """外部函数"""
    print("这是外部函数开始")

    def inner_function():
        """内部函数"""
        print("这是内部函数")

    inner_function()  # 在外部函数中调用内部函数
    print("这是外部函数结束")

# 调用外部函数
outer_function()
```

在以上示例中，outer_function 是外部函数，它包含了一个内部函数 inner_function 的定义和调用。inner_function 是内部函数，它只能在 outer_function 的作用域内被访问和调用。

注意：

函数外部无法直接调用内层函数，只能通过外层函数间接调用内层函数。

2. 函数的嵌套调用

在函数内部调用其他函数的过程，被称为函数的嵌套调用。Python 中可以嵌套调用函数，例如：

```
def calculate(a,b):
    """外部函数,计算两个数的和、差和积"""
    def add():
        """内部函数,计算两个数的和"""
        return a+b

    def subtract():
        """内部函数,计算两个数的差"""
        return a-b

    def multiply():
        """内部函数,计算两个数的积"""
        return a * b

    print(f"和:{add()}")
    print(f"差:{subtract()}")
    print(f"积:{multiply()}")

#调用外部函数
calculate(10,5)
```

在以上示例中，calculate 函数包含了 add、subtract 和 multiply 三个内部函数，分别实现了加法、减法和乘法运算。通过函数嵌套，可以将复杂的计算逻辑分解为多个简单的函数，提高了代码的可维护性和重用性。

3. 函数嵌套的应用场景

函数嵌套常用于以下情况：

➢ 代码结构清晰：将功能模块化，使每个函数只关注单一功能，提高代码的可读性和可维护性。

➢ 闭包的实现：内部函数可以访问外部函数的变量和参数，可以用于创建闭包，延长变量的生命周期。

➢ 私有函数：将不希望在函数外部直接调用的函数定义为内部函数，保持代码的封装性。

案例 5-1　随机名字生成器

本案例实现一个简单的随机名字生成器，该生成器可以根据用户输入的性别和喜好，随机生成一个名字。名字的生成规则可以基于事先定义的姓名库，并根据用户的选择进行随机组合。允许用户通过输入性别来决定要生成的是男生名字还是女生名字。

案例分析：

（1）generate_random_name 函数：接收两个参数 surname（姓氏）和 gender（性别），

根据性别随机选择对应的名字并拼接成完整的名字字符串。

（2）main 函数:，负责用户输入和输出的逻辑。首先输出欢迎消息，然后在一个循环中随机选择一个姓氏，要求用户输入性别，直到用户输入有效的性别为止。最后调用 generate_random_name 函数生成随机名字，并将结果打印输出。

参考代码：

```
#随机名字生成器
import random

#预定义的姓氏和名字列表
surnames=['赵','钱','孙','李','周','吴','郑','王','冯','陈']
male_names=['伟','威','鹏','刚','强','军','超','明','杰','宇']
female_names=['娜','静','丽','芳','艳','敏','倩','婷','霞','玲']

def generate_random_name(surname,gender):
    if gender=='男':
        name=random.choice(male_names)
    else:
        name=random.choice(female_names)
    return f"{surname}{name}"

def main():
    print("欢迎使用随机名字生成器!")
    while True:
        surname=random.choice(surnames)  #随机选择一个姓氏
        gender=input("请选择要生成的性别(男/女):")
        if gender not in ['男','女']:
            print("性别选择无效,请重新输入。")
            continue
        else:
            break

    random_name=generate_random_name(surname,gender)

    print(f"\n生成的随机名字为:")
    print(random_name)

if __name__=="__main__":
    main()
```

运行结果：

程序运行结果如图 5-2 所示。

```
欢迎使用随机名字生成器！
请选择要生成的性别（男/女）：男

生成的随机名字为:
陈明
```

图 5-2 案例 5-1 运行结果

5.2 函数参数和返回值

5.2.1 函数参数的传递

通常将定义函数时设置的参数称为形式参数（简称为形参），将调用函数时传入的参数称为实际参数（简称为实参）。函数的参数传递是指将实际参数传递给形式参数的过程。函数参数的传递可以分为位置参数传递、关键字参数传递、默认参数传递、不定长参数等。

1. 位置参数的传递

位置参数是最常见的参数传递方式，也是默认的传递方式。在调用函数时，实参按照形参的位置顺序依次赋值给形参，也就是说，将第一个实参传递给第一个形参，将第二个实参传递给第二个形参，依此类推。例如：

```
def greet(name,greeting):
    """使用位置参数打招呼"""
    print(f"{greeting},{name}!")

#调用函数时,按照位置顺序传递参数
greet("Alice","Hello")  #输出:Hello,Alice!
```

在以上示例中,"Alice"赋值给 name,"Hello"赋值给 greeting。

2. 关键字参数的传递

关键字参数允许在函数调用时明确指定参数的名称，不必考虑它们的位置顺序，关键字参数的传递通过“形参=实参”的格式将实参与形参相关联，将实参按照相应的关键字传递给形参。例如：

```
def greet(name,greeting):
    """使用关键字参数打招呼"""
    print(f"{greeting},{name}!")
```

```
#通过关键字参数指定参数的名称
greet(greeting="Hello",name="Alice")  #输出:Hello,Alice!
```

以上示例中，调用函数时，参数是 greeting="Hello",name="Alice"，也就是通过“形参=实参”的格式进行调用，属于关键字参数的传递,"Hello"传递给形参 greeting,"Alice"传递给形参 name，函数执行后输出结果：Hello,Alice!

关键字参数的优势在于能够提高代码的可读性和灵活性，尤其是当函数有多个参数且某些参数具有默认值时。

3. 默认参数的传递

默认参数允许在函数定义时为某些参数指定默认值，函数被调用时，可以选择是否给带有默认值的形参传值，若没有给带有默认值的形参传值，则直接使用该形参的默认值。例如：

```
def greet(name,greeting="Hello"):
    """使用默认参数打招呼"""
    print(f"{greeting},{name}!")

#调用函数时,省略默认参数
greet("Alice")  #输出:Hello,Alice!
#也可以覆盖默认参数
greet("Bob","Hi")  #输出:Hi,Bob!
```

在以上示例中，greeting 参数被定义为默认值"Hello"。调用函数时，如果不提供 greeting 参数，则使用默认值"Hello"。

注意：

带有默认值的参数一定要位于参数列表的最后面，否则程序会报错。

4. 不定长参数

在 Python 中，有时可能需要一个函数能处理比当初声明时更多的参数，这些参数叫作不定长参数，不定长参数允许函数接受任意数量的参数。声明时不会命名，其语法格式如下：

```
def functionname([formal_args,] *args, **kwargs):
      "函数_文档字符串"
      function_suite
      return [expression]
```

其中，加了星号（*）的变量 args 会存放所有未命名的变量参数，args 为元组，例如：

```
def sum_values(*args):
    """计算任意数量的参数之和"""
    total=0
    for num in args:
```

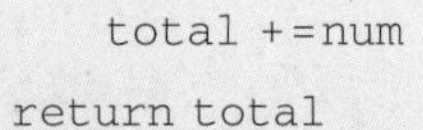

```
        total += num
    return total

# 调用函数时,传递任意数量的位置参数
print(sum_values(1,2,3))  # 输出:6
print(sum_values(10,20,30,40))  # 输出:100
```

加 * * 的变量 kwargs 会存放命名参数，即形如 key = value 的参数，kwargs 为字典，例如：

```
def print_info(**kwargs):
    """打印任意数量的关键字参数"""
    for key,value in kwargs.items():
        print(f"{key}:{value}")

# 调用函数时,传递任意数量的关键字参数
print_info(name="Alice",age=30,city="New York")
# 输出:
# name:Alice
# age:30
# city:New York
```

5.2.2 函数的返回值

在 Python 中，函数可以通过 return 语句返回一个值给调用者。如果函数没有 return 语句，或者 return 后面没有跟任何值，那么该函数将默认返回 None。函数的返回值可以是任何数据类型，包括整数、浮点数、字符串、列表等。通过返回值，函数可以将计算结果传递给其他部分的程序。

1. 返回单个值

函数可以使用 return 语句返回一个值。下面是一个返回单个值的示例：

```
def add_numbers(a,b):
    result = a+b
    return result

sum = add_numbers(3,5)
print(sum)  # 输出:8
```

add_numbers( ) 函数有 a 和 b 两个参数，并将它们相加得到结果 result。然后，通过 return 语句将结果返回给调用函数的地方。

2. 返回多个值

Python 中的函数也可以返回多个值。实际上，多个值以元组的形式返回。下面是一个返

回多个值的示例：

```
def get_name_and_age():
    name = "Lucy"
    age = 25
    return name,age

person = get_name_and_age()
print(person)  # 输出:('Lucy',25)
print(person[0])  # 输出:Lucy
print(person[1])  # 输出:25
```

get_name_and_age()函数返回一个包含名称和年龄的元组。将返回值存储在变量 person 中，并通过索引访问元组中的各个元素。

3. 空返回值

有时候，函数并不需要返回值。在这种情况下，可以使用 return 语句而不带任何值。这将导致函数立即结束，并返回一个特殊的空值 None。

```
def greet(name):
    if name:
        print("Hello,"+name+"!")
        return
    print("Hello,stranger!")

greet("Lucy")  # 输出:Hello,Lucy!
greet("")  # 输出:Hello,stranger!
```

greet()函数根据传入的名称打印不同的问候语。如果传入的名称不为空，则打印包含名称的问候语，并使用 return 语句结束函数；如果传入的名称为空，则打印通用的问候语。函数没有 return 语句也将返回 None，如以下示例：

```
def no_return():
    """
    这个函数没有返回值(或者说默认返回 None)。
    """
    pass

# 调用函数并尝试打印返回值
result = no_return()
print(result)  # 输出:None
```

no_return()函数没有 return 语句，该函数返回值赋给 result 变量，打印结果为 None。

案例 5-2　生成迷宫地图

设计一个函数，根据用户输入的行数和列数生成一个迷宫地图的二维列表。迷宫地图包含随机生成的墙和通道，可以通过函数控制迷宫的复杂度。

案例分析：

(1) 使用二维列表 maze 表示迷宫地图，其中每个元素可以是墙（#）或通道（.）。

(2) generate_maze 函数：根据输入的行数和列数生成随机的迷宫地图。

(3) print_maze 函数：打印生成的迷宫地图，以可视化方式展示给用户。

(4) 使用 random.random() 函数控制生成墙和通道的概率，以达到随机性和可控性的平衡。

(5) 用户输入迷宫地图的行数和列数，程序根据输入调用函数生成相应大小的随机迷宫地图，并以图形化的方式输出。

参考代码：

```
# 生成迷宫地图
import random

# 函数:生成迷宫地图
def generate_maze(rows,columns):
    maze=[]
    for i in range(rows):
        row=[]
        for j in range(columns):
            if random.random()<0.3:  # 30% 的概率生成墙
                row.append('#')
            else:
                row.append('.')
        maze.append(row)
    return maze

# 函数:打印迷宫地图
def print_maze(maze):
    for row in maze:
        print(' '.join(row))

# 用户交互
rows=int(input("请输入迷宫地图的行数:"))
columns=int(input("请输入迷宫地图的列数:"))
```

```
maze=generate_maze(rows,columns)
print("\n生成的迷宫地图:")
print_maze(maze)
```

运行结果：

程序运行结果如图 5-3 所示。

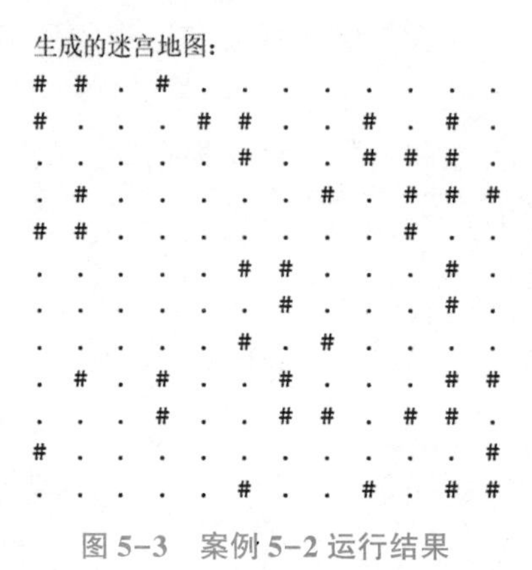

图 5-3　案例 5-2 运行结果

5.3 递归函数和匿名函数

5.3.1 递归函数

递归函数是一个在其定义中直接或间接调用自身的函数。递归函数通常用于解决可以分解为相似子问题的问题，每个子问题的解决方案都相同。以下是一个计算阶乘的递归函数示例：

```
def factorial(n):
    if n==0 or n==1:
        return 1
    else:
        return n * factorial(n-1)


result=factorial(5)
print(result)  #输出:120
```

在以上示例中，factorial()函数通过递归方式计算阶乘。当 n 为 0 或 1 时，函数返回 1，否则，函数返回 n 乘以 factorial(n-1) 的结果。

递归函数的设计要确保递归终止条件正确且递归调用能够最终收敛到终止条件。

5.3.2 匿名函数

Python 中的匿名函数（lambda 函数）是一种没有明确名称的函数，通常使用 lambda 关键字定义。匿名函数通常用于简化代码，尤其在函数作为参数或返回值的情况下。匿名函数只能有一个表达式，并且不能包含复杂的逻辑或控制流语句。下面是一个使用匿名函数的示例：

```
# 定义一个匿名函数求两个数的和
add = lambda x,y:x+y

# 调用匿名函数
result = add(3,5)
print(result)  # 输出:8
```

以上示例中，使用 lambda 关键字定义了一个匿名函数，接受两个参数 x 和 y，并返回 x 与 y 的和。使用变量 add 保存匿名函数，以方便使用匿名函数。

匿名函数通常用于简单的函数操作，可以减少代码的复杂性，使代码更容易阅读和理解。

任务实现

通过对校园一卡通系统用户管理模块功能的全面分析，将打印主菜单、学生端菜单和管理员菜单封装为三个函数，同时，将学生端菜单和管理员菜单中的每一个功能也封装成函数，以学生端为例，可以划分为以下几个函数：

（1）获取学号函数：get_user()。

（2）打印记录函数：print_records()。

（3）用户充值函数：recharge()。

（4）一卡通消费函数：consume()。

（5）挂失函数：stop_card()。

（6）解锁函数：recover_card()。

（7）查看个人信息函数：student_print_info()。

（8）修改密码函数：student_change_password()。

（9）学生菜单函数：student_menu()。

以下是使用函数实现的一卡通系统的用户管理模块，其中，学生端已详细划分为若干个函数，每个函数实现一个具体功能，管理员端功能封装在一个函数中，具体功能的详细划分留给读者自行封装。

参考代码：

```
#用函数封装

import datetime

users={}
admin_password="123456"

def get_user(student_id):
    if student_id in users:
        return users[student_id]
    else:
        print("该学号不存在!")
        return None

def print_records(user):
    if user["records"]:
        print("充值及消费记录:")
        for record in user["records"]:
            print(record)
    else:
        print("该学号无充值消费记录")

def recharge(user):
    amount=float(input("请输入充值金额:"))
    if amount>0:
        user["balance"] +=amount
        record=f"充值时间:{datetime.datetime.now().strftime('%Y-%m-%d %H:%M:%S
')},充值金额:{amount},余额{user['balance']}"
        user["records"].append(record)
        print(f"操作成功,当前余额:{user['balance']}")
    else:
        print("充值金额必须大于0!")

def consume(user):
    if user["suspended"]:
        print("卡片已挂失,请先解锁后再消费!")
    else:
        amount=float(input("请输入消费金额:"))
```

```
        if amount>0:
            if user["balance"]>=amount:
                user["balance"]-=amount
                record=f"消费时间:{datetime.datetime.now().strftime('%Y-%m-%d
%H:%M:%S')},消费金额:{amount},余额{user['balance']}"
                user["records"].append(record)
                print(f"操作成功,当前余额:{user['balance']}")
            else:
                print("余额不足,无法消费!")
        else:
            print("消费金额必须大于0!")

    def stop_card(user):
        user["suspended"]=True
        print("卡片已挂失!")

    def recover_card(user):
        user["suspended"]=False
        print("卡片已解锁!")

    def student_print_info(user):
        print(f"学号:{user['student_id']},余额:{user['balance']},是否挂失:{'未挂失'
if not user['suspended'] else '已挂失'}")
        print_records(user)

    def student_change_password(user):
        old_password=input("请输入原密码:")
        if old_password==user["password"]:
            new_password=input("请输入新密码:")
            user["password"]=new_password
            print("密码修改成功!")
        else:
            print("原密码错误!")

    def student_menu(user):
        while True:
            print("*****欢迎使用学生端系统*****")
            student_choice=input("请选择功能(1-8):\n1.个人信息查询\n2.个人修改密码\
n3.充值\n4.消费\n5.挂失\n6.解锁\n7.退回主菜单\n8.退出系统\n")
```

```
        if student_choice=="1":
            student_print_info(user)
        elif student_choice=="2":
            student_change_password(user)
        elif student_choice=="3":
            recharge(user)
        elif student_choice=="4":
            consume(user)
        elif student_choice=="5":
            stop_card(user)
        elif student_choice=="6":
            recover_card(user)
        elif student_choice=="7":
            break
        elif student_choice=="8":
            print("已退出系统")
            exit()
        else:
            print("无效选择,请重新输入")

def admin_menu():
    while True:
        print("*****欢迎使用管理端系统*****")
        admin_choice=input("请选择功能(1-8):\n1.开卡\n2.卡片查询\n3.重置密码\n4.
禁用卡片\n5.解锁卡片\n6.销卡\n7.退回主菜单\n8.退出系统\n")
        if admin_choice=="1":
            student_id=input("请输入学号:")
            if student_id in users:
                print("该学号已存在!")
            else:
                password=input("请设置密码:")
                users[student_id]={"student_id":student_id,"password":password,
"balance":0,"disabled":False,
                                    "suspended":False,"records":[]}
                print("开卡成功!")
        elif admin_choice=="2":
            student_id=input("请输入要查询的学号:")
            user=get_user(student_id)
            if user:
                print(
```

```
                f"学号:{student_id},密码:{user['password']},余额:{user
['balance']},后台是否禁用卡片:{'已禁用' if user['disabled'] else '未禁用'},学生是否挂失卡
片:{'学生已经挂失' if user['suspended'] else '学生未挂失'}")
            print_records(user)
        elif admin_choice=="3":
            student_id=input("请输入要重置密码的学号:")
            user=get_user(student_id)
            if user:
                new_password=input("请输入新密码:")
                user["password"]=new_password
                print("密码重置成功!")
        elif admin_choice=="4":
            student_id=input("请输入要禁用的学号:")
            user=get_user(student_id)
            if user:
                user["disabled"]=True
                print("卡片已禁用!")
        elif admin_choice=="5":
            student_id=input("请输入要解锁的学号:")
            user=get_user(student_id)
            if user:
                user["disabled"]=False
                print("卡片已解锁!")
        elif admin_choice=="6":
            student_id=input("请输入要销卡的学号:")
            user=get_user(student_id)
            if user:
                del users[student_id]
                print("销卡成功!")
        elif admin_choice=="7":
            break
        elif admin_choice=="8":
            print("已退出系统")
            exit()
        else:
            print("无效选择,请重新输入")

def main():
    while True:
        print("*****欢迎使用学生卡片管理系统*****")
```

```
        choice=input("请选择角色(1-3):\n1.学生\n2.管理员\n3.退出系统\n")
        if choice=="1":
            student_id=input("请输入学号:")
            user=get_user(student_id)
            if user:
                if user["disabled"]:
                    print("该卡已被管理员禁用,请联系管理员解锁!")
                else:
                    password=input("请输入密码:")
                    if password==user["password"]:
                        student_menu(user)
                    else:
                        print("密码错误!")
        elif choice=="2":
            admin_password_input=input("请输入管理员密码:")
            if admin_password_input==admin_password:
                admin_menu()
            else:
                print("管理员密码错误!")
        elif choice=="3":
            print("已退出系统")
            exit()
        else:
            print("无效选择,请重新输入")


if __name__=="__main__":
    main()
```

运行结果：

运行结果与任务三、任务四相同。

拓展案例　图书馆管理系统

编写一个程序，实现图书馆管理系统的基本功能，系统能够存储图书的基本信息（如书名、作者、ISBN 号等），并提供添加图书、借阅图书、归还图书以及显示所有图书信息的功能。用户通过菜单选择相应的操作，系统根据用户的选择执行相应的功能。

案例分析：

（1）定义函数，分别实现添加图书、借阅图书、归还图书和显示所有图书信息的功能。

（2）使用字典存放每本图书的信息，包括书名、作者和 ISBN 号等。

（3）使用列表存放所有图书的字典信息。

（4）通过字典和列表的基本操作，实现案例所需功能，如添加新书到列表、从列表中删除已借阅的图书、更新图书的借阅状态等。

(5) 在主循环中显示菜单，并根据用户的选择调用相应的函数执行操作。

参考代码：

```
'''
add_book(books):负责添加新的图书信息到 books 列表中。
borrow_book(books):允许用户借阅图书,并更新图书的借阅状态。
return_book(books):允许用户归还图书,并更新图书的借阅状态。
show_all_books(books):显示所有图书的信息,包括书名和作者等。
library_management_system()
函数作为主函数,负责显示菜单,接收用户输入,并调用相应的函数来执行用户的请求。
'''

# 添加图书
def add_book(books):
    title=input("请输入书名:")
    author=input("请输入作者:")
    isbn=input("请输入 ISBN 号:")
    book_info={'title':title,'author':author,'isbn':isbn,'borrowed':False}
    books.append(book_info)
    print("图书添加成功!")

# 借阅图书
def borrow_book(books):
    isbn=input("请输入要借阅图书的 ISBN 号:")
    found=False
    for book in books:
        if book['isbn']==isbn and not book['borrowed']:
            book['borrowed']=True
            print("图书借阅成功!")
            found=True
            break
    if not found:
        print("未找到该图书或图书已被借阅!")

# 归还图书
def return_book(books):
    isbn=input("请输入要归还图书的 ISBN 号:")
    found=False
    for book in books:
```

```
        if book['isbn']==isbn and book['borrowed']:
            book['borrowed']=False
            print("图书归还成功!")
            found=True
            break
    if not found:
        print("未找到该图书或图书未被借阅!")

# 显示所有图书信息
def show_all_books(books):
    if books:
        for book in books:
            status="已借阅" if book['borrowed'] else "可借阅"
            print(f"书名:{book['title']},作者:{book['author']},"
                  f"ISBN:{book['isbn']},状态:{status}")
    else:
        print("暂无图书记录!")

# 图书馆管理系统主函数
def library_management_system():
    books=[]  # 存放所有图书信息的列表
    while True:
        print("图书馆管理系统")
        print("1.添加图书")
        print("2.借阅图书")
        print("3.归还图书")
        print("4.显示所有图书信息")
        print("5.退出系统")
        choice=input("请选择操作:")
        if choice=='1':
            add_book(books)
        elif choice=='2':
            borrow_book(books)
        elif choice=='3':
            return_book(books)
        elif choice=='4':
            show_all_books(books)
        elif choice=='5':
            print("退出图书馆管理系统。")
            break
```

```
        else:
            print("无效的选择,请重新选择!")

if __name__=='__main__':
    #运行图书馆管理系统
    library_management_system()
```

运行结果:

程序运行结果如图 5-4 所示。

```
图书馆管理系统
1. 添加图书
2. 借阅图书
3. 归还图书
4. 显示所有图书信息
5. 退出系统
请选择操作: 1
请输入书名: 活着
请输入作者: 余华
请输入ISBN号: 9787506365437
图书添加成功!
图书馆管理系统
1. 添加图书
2. 借阅图书
3. 归还图书
4. 显示所有图书信息
5. 退出系统
请选择操作: 1
请输入书名: 三体全集
请输入作者: 刘慈欣
请输入ISBN号: 9787229042066
图书添加成功!
图书馆管理系统
1. 添加图书
2. 借阅图书
3. 归还图书
4. 显示所有图书信息
5. 退出系统
请选择操作: 1
请输入书名: 百年孤独
请输入作者: [哥伦比亚] 加西亚·马尔克斯
请输入ISBN号: 9787544253994
图书添加成功!
图书馆管理系统
1. 添加图书
2. 借阅图书
3. 归还图书
4. 显示所有图书信息
5. 退出系统
```

图 5-4　任务五运行结果

```
请选择操作：4
书名：活着，作者：余华,ISBN：9787506365437，状态：可借阅
书名：三体全集，作者：刘慈欣,ISBN：9787229042066，状态：可借阅
书名：百年孤独，作者：［哥伦比亚］加西亚·马尔克斯,ISBN：9787544253994，状态：可借阅
图书馆管理系统
1. 添加图书
2. 借阅图书
3. 归还图书
4. 显示所有图书信息
5. 退出系统
请选择操作：2
请输入要借阅图书的ISBN号：9787229042066
图书借阅成功!
图书馆管理系统
1. 添加图书
2. 借阅图书
3. 归还图书
4. 显示所有图书信息
5. 退出系统
请选择操作：4
书名：活着，作者：余华,ISBN：9787506365437，状态：可借阅
书名：三体全集，作者：刘慈欣,ISBN：9787229042066，状态：已借阅
书名：百年孤独，作者：［哥伦比亚］加西亚·马尔克斯,ISBN：9787544253994，状态：可借阅
图书馆管理系统
1. 添加图书
2. 借阅图书
3. 归还图书
4. 显示所有图书信息
5. 退出系统
请选择操作：3
请输入要归还图书的ISBN号：9787229042066
图书归还成功!
图书馆管理系统
1. 添加图书
2. 借阅图书
3. 归还图书
4. 显示所有图书信息
5. 退出系统
请选择操作：4
书名：活着，作者：余华,ISBN：9787506365437，状态：可借阅
书名：三体全集，作者：刘慈欣,ISBN：9787229042066，状态：可借阅
书名：百年孤独，作者：［哥伦比亚］加西亚·马尔克斯,ISBN：9787544253994，状态：可借阅
图书馆管理系统
1. 添加图书
2. 借阅图书
3. 归还图书
4. 显示所有图书信息
5. 退出系统
请选择操作：5
退出图书馆管理系统。
```

图 5-4　任务五运行结果（续）

任务总结

在任务的知识储备中，介绍了函数的定义方式和调用方法、函数参数的传递方式（包括位置参数和关键字参数）和函数返回值的返回方式、函数的嵌套、递归函数和匿名函数等知识点。本任务使用函数封装和优化校园一卡通系统的功能模块。通过任务实践，可以学会如何将程序中重复使用的功能逻辑抽象成函数，提高代码的复用性和可维护性。

任务评价

通过任务实践，学会函数的使用方法，从而更有效地解决复杂问题，通过函数的抽象和封装，提升编程实现效率和代码质量。

课后习题

一、选择题

1. 在 Python 中，定义一个函数应该使用的关键字是（　　）。

A. class　　B. function　　C. def　　D. method

2. 下列（　　）是 Python 函数的正确调用方式。

A. my_function()　　B. call my_function

C. invoke my_function()　　D. execute my_function

3. 如果希望函数执行后返回一个值，应该使用关键字（　　）。

A. return　　B. output　　C. yield　　D. exit

4. 在 Python 中，递归函数调用自身时，应该确保（　　）。

A. 调用次数不超过 100 次　　B. 有一个明确的终止条件

C. 函数名唯一　　D. 参数数量一致

5. 在 Python 中使用关键字（　　）定义匿名函数。

A. lambda　　B. anonymous　　C. function　　D. def

二、思考题

1. 讨论函数在编程中的重要性，以及为什么要使用函数。

2. 比较普通函数和匿名函数的优缺点，并说明它们各自的使用场景。

三、实践题

1. 编写一个 Python 函数，该函数接收两个整数作为参数，并返回它们的和。

2. 设计一个 Python 函数，使用递归方法计算一个数的阶乘。

3. 编写一个 Python 程序，该程序定义一个函数，该函数接收一个字符串作为参数，并返回该字符串反转后的结果。

4. 编写一个 Python 程序，使用函数和递归方法来解决汉诺塔问题。

5. 编写一个 Python 程序，该程序定义一个函数，该函数接收一个列表作为参数，并返回列表中所有元素的乘积。

任务六 使用面向对象实现校园一卡通系统功能

任务目标

知识目标：

➢ 理解类和对象的概念

➢ 掌握类的定义和对象的创建及使用方法

➢ 理解构造方法的作用和用法

➢ 熟悉对象的成员（属性和方法）的使用

技能目标：

➢ 能够根据业务需求，设计并实现具有特定功能的类，并灵活运用对象的成员来解决具体的问题

➢ 熟练运用封装机制，保护类的内部状态，提供合理的访问接口特性保护数据和实现方法的可重用性

➢ 能够通过继承和多态扩展与复用已有的类功能

素养目标：

➢ 培养面向对象编程的思维方式，注重代码的模块化和可维护性

➢ 提高抽象和建模能力，能够将实际问题抽象为对象模型

➢ 增强团队协作和沟通能力，理解面向对象设计在大型项目中的重要性

➢ 能够通过查阅官方文档、社区论坛或搜索引擎等渠道解决问题

任务分析

区别于前面任务中的面向过程的编程思想，本任务要求使用面向对象实现一卡通系统的功能，通过使用类和对象的概念，将一卡通的属性和行为封装起来，实现更加模块化的代码结构，以确保系统的稳定性、可扩展性和可维护性，同时也为后续的功能扩展提供良好的基础。

面向对象是一种重要的程序设计思想，它模拟了人类认识客观世界的思维方式，将问题中所有的事物皆看作对象，对象是程序的基本单元，一个对象包含表示事物特征的属性，以及表示事物行为的方法。类是具有相同属性和方法的对象的抽象。

与面向对象编程相对应的是面向过程编程。在面向过程的程序设计中，要解决的问题可以分解为一系列需要完成的任务，每个任务使用函数来实现，依次调用函数实现问题的求解，C 语言就是最常见的面向过程的编程语言。

在面向对象的程序设计中，分析问题，从而提炼出多个对象，将不同的对象根据特征和行为来进行封装，最终通过控制对象的行为来解决问题。

封装、继承和多态是面向对象编程的三个基本特征，下面将介绍类和对象的基本概念，以及封装、继承和多态的概念。

6.1 类和对象

类和对象是面向对象编程中非常重要的两个概念，在工业制造中，通常使用模具来铸造产品，而类和对象的关系，就像模具和产品，类就是模具，对象是使用模具生产出来的产品，一个模具可以生产多个产品，一个类可以实例化为多个对象。

对象根据类来创建，一个类可以对应多个对象，而类是对象的抽象，对象是类的实例。

使用面向对象编程思想解决问题，首先要定义类，通过类创建对象，最终通过控制对象的行为实现问题的求解。

6.1.1 类的定义

类由三部分组成，定义类时，需要定义类的名称、类的属性以及类的方法，Python 中使用 class 语句来创建类，类名后以冒号结尾。类定义的语法格式如下：

```
class 类名:
    属性名=属性值
    def 方法名(self):
        方法体
```

其中，类名建议使用大驼峰命名法，即首字母大写，比如 Cat。类的属性用于描述事物的特征，比如颜色、腿的数目。类的方法用于描述事物的行为，比如跑或叫。以下为定义一个类的示例：

```
class Cat:
    """定义一个猫的类"""
    name="小灰"
```

```
    age=5

    def speak(self):
        """猫的叫声"""
        return "Meow!"

    def info(self):
        """显示猫的信息"""
        return f"Name:{self.name},Age:{self.age}"
```

6.1.2 对象的创建及使用

对象是类的实例，定义好该类后，可以使用类创建对象，根据类创建对象的语法格式如下：

```
对象名=类名()
```

创建好对象后，才可以使用对象。使用对象的本质是访问对象成员，而对象的成员包括对象的属性和方法，可以通过点号（.）来访问对象的成员，具体语法格式如下：

```
对象名.属性名
对象名.方法名()
```

使用前面定义的 Cat 类来创建一个 Cat 对象，示例如下：

```
#创建一个 Cat 类的实例(对象)
cat=Cat()
#调用对象的方法
print(cat.speak())  #输出:Meow!
print(cat.info())   #输出:Name:小灰,Age:5
```

6.1.3 构造方法

构造方法（__init__() 方法）是面向对象编程中用于初始化对象属性的重要方法。通过定义构造方法，可以在创建对象时对其进行自定义初始化，从而使对象具有不同的初始状态。无参构造方法用于初始化固定默认值的对象属性，而有参构造方法则根据传入的参数来初始化对象的属性，提供了更大的灵活性和可定制性。下面将介绍无参构造方法和有参构造方法的概念，并通过示例来详细说明。

1. 无参构造方法

无参构造方法即类中的 __init__() 方法没有参数。当使用无参构造方法创建对象时，所有对象的属性都有相同的默认初始值，例如：

```
class Cat:
    """定义一个猫的类,使用无参构造方法"""
    def __init__(self):
        self.name="小灰"
        self.age=0

    def info(self):
        """显示猫的信息"""
        return f"Name:{self.name},Age:{self.age}"

#创建一个使用无参构造方法的猫的对象
cat1=Cat()
print(cat1.info())  #输出:Name:Unnamed,Age:0
```

在以上示例中，Cat 类使用了无参构造方法，当创建 cat1 对象时，其 name 属性默认为“小灰”，age 属性默认为 0。

2. 有参构造方法

有参构造方法即在类中定义一个带有参数的__init__() 方法，用于在创建对象时初始化对象的属性，例如：

```
class Cat:
    """定义一个猫的类,使用有参构造方法"""
    def __init__(self,name,age):
        self.name=name
        self.age=age

    def info(self):
        """显示猫的信息"""
        return f"Name:{self.name},Age:{self.age}"

#创建一个使用有参构造方法的猫的对象
cat2=Cat("小灰",3)
print(cat2.info())  #输出:Name:小灰,Age:3
```

在以上示例中，Cat 类使用了有参构造方法，当创建 cat2 对象时，通过传入参数“小灰”和 3 来初始化 name 和 age 属性。

6.1.4 对象的成员

对象的属性和方法统称为对象的成员，根据不同的分类方式，又可以分为不同的类型。

1. 属性

属性是对象的特征或状态，按声明方式，可以分为类属性和实例属性。类属性属于类本身，而实例属性属于类的实例（对象）。

1）类属性

类属性是定义在类内部、方法外部的属性，属于类本身而非实例，可以通过类或对象进行访问，但只能通过类进行修改。例如：

```
class Cat:
    species="Ragdoll"  #类属性  #布偶猫
    def __init__(self,name):
        self.name=name  #实例属性

#访问类属性
print(Cat.species)  #输出:Ragdoll

#通过类修改类属性
Cat.species="British Shorthair"  #英国短毛猫
print(Cat.species)  #输出:British Shorthair
```

2）实例属性

实例属性是在方法内部声明的属性，它属于实例，只在特定的实例中存在。实例属性在实例化对象时被创建，并且只能通过对象名来访问，也只能通过对象名修改。Python 支持动态添加实例属性，可以在类外部使用对象动态添加实例属性。例如：

```
class Cat:
    def __init__(self,name):
        self.name=name  #实例属性

#创建对象并访问实例属性
cat1=Cat("小灰")
print(cat1.name)  #输出:小灰

#动态添加实例属性
cat1.age=5
print(cat1.age)  #输出:5
```

2. 方法

Python 中的方法按定义方式和用途可以分为实例方法、类方法和静态方法。

1）实例方法

在类中定义的方法通常默认都是实例方法，包括构造方法。实例方法形似函数，与函数的区别是它定义在类的内部，其特点是至少包含一个默认参数 self，self 参数代表对象本身。实例方法通过对象调用，例如：

```
#定义类
class Cat:
    def __init__(self,name):
        self.name=name

    def speak(self):
        return f"{self.name} says Meow!"

#创建对象并调用实例方法
cat1=Cat("小灰")
print(cat1.speak())  #输出:小灰 says Meow!
```

Python 中允许使用类名直接调用实例方法，但必须手动为该实例方法的第一个 self 参数传递参数，例如：

```
#定义类
class Cat:
    def __init__(self,name):
        self.name=name

    def speak(self):
        return f"{self.name} says Meow!"

#创建对象并调用实例方法
cat1=Cat("小灰")
print(Cat.speak(cat1))  #输出:小灰 says Meow!
```

2）类方法

类方法是定义在类内部，使用装饰器@ classmethod 修饰的方法。第一个参数为 cls，代表类本身，可以通过类和对象调用。类方法中可以使用 cls 访问和修改类属性的值，例如：

```
class Cat:
    eyes=3   #类属性
    @ classmethod
    defwatch(cls):       #类方法
        print(cls.eyes) #使用 cls 访问类属性
        cls.eyes=2      #使用 cls 修改类属性
        print(cls.eyes)
cat=Cat()
cat.watch()
```

3）静态方法

静态方法在类内部定义，并使用 @ staticmethod 修饰符进行修饰，静态方法没有任何默认参数。静态方法可以通过类和对象调用，例如：

```
# 定义类
class Cat:
    @ staticmethod
    def info():
        return "Cats are adorable!"

cat=Cat()
# 通过类调用静态方法
print(Cat.info())  # 输出:Cats are adorable!
# 通过对象调用静态方法
print(cat.info())  # 输出:Cats are adorable!
```

静态方法内部不能直接访问属性或方法，但可以使用类名访问类属性或调用类方法。

案例 6-1　在线电影票务系统

在线电影票务系统是一个允许用户在线浏览电影信息、购买电影票以及管理个人信息的平台。系统提供电影列表、座位选择、票价展示以及支付功能，用户可以注册账号、登录系统、选择电影和场次、购买电影票，并查看购票记录和订单状态。

案例分析：

本案例中定义了 User、Movie、Showtime 和 Ticket 四个类，分别用于表示用户、电影、放映场次和电影票。通过用户类的方法，用户可以购买电影票并查看购票记录。在示例使用中，创建了一个电影、一个放映场次和一个用户，并模拟了用户购票和查看购票记录的过程。类的设计如下：

（1）User 类：代表系统用户，包括用户名、密码、联系方式以及购票记录。

（2）Movie 类：代表电影信息，包括电影名称、导演、上映时间、票价以及座位信息。

（3）Showtime 类：代表电影的放映场次，包括放映时间、放映地点以及可选座位。

（4）Ticket 类：代表电影票，包括座位号、价格以及订单状态。

参考代码：

```
import random class User:
    def __init__(self,username,password,contact_info):
        self.username=username
        self.password=password
        self.contact_info=contact_info
        self.ticket_records=[]
```

```
    def buy_ticket(self,ticket):
        self.ticket_records.append(ticket)
        print("购票成功!")

    def view_ticket_records(self):
        for ticket in self.ticket_records:
            print(f"电影名称:{ticket.showtime.movie.name},座位号:{ticket.seat_
number},订单状态:{ticket.order_status}")

class Movie:
    def __init__(self,name,director,release_date,price):
        self.name=name
        self.director=director
        self.release_date=release_date
        self.price=price
        self.showtimes=[]

class Showtime:
    def __init__(self,movie,date_time,location,available_seats):
        self.movie=movie
        self.date_time=date_time
        self.location=location
        self.available_seats=available_seats

class Ticket:
    def __init__(self,showtime,seat_number,price,order_status):
        self.showtime=showtime
        self.seat_number=seat_number
        self.price=price
        self.order_status=order_status

if __name__=="__main__":
    #初始化电影、放映场次和用户
    movie1=Movie("阿凡达","詹姆斯·卡梅隆","2023-01-01",100)
    showtime1=Showtime(movie1,"2023-01-05 20:00","电影院A",["1A","2B","3C"])
    user1=User("Lucy","password123","1234567890")

    #用户购买第一张票
    ticket1 = Ticket(showtime1, random.choice(showtime1.available_seats),
showtime1.movie.price, "已支付")
```

```
        user1.buy_ticket(ticket1)
        #在系统钟删除该座位号
        ticket1.showtime.available_seats.remove(ticket1.seat_number)

        # 用户购买第二张票
         ticket2 = Ticket ( showtime1, random. choice ( showtime1. available _seats ),
showtime1.movie.price, "已支付")
        user1.buy_ticket(ticket2)

        # 在系统钟删除该座位号
        ticket2.showtime.available_seats.remove(ticket2.seat_number)
        # 查看购票记录
        user1.view_ticket_records()
```

运行结果：

程序运行结果如图 6-1 所示。

```
购票成功!
购票成功!
电影名称：阿凡达，座位号：2B，订单状态：已支付
电影名称：阿凡达，座位号：1A，订单状态：已支付
```

图 6-1　案例 6-1 运行结果

6.2 封装、继承和多态

在面向对象编程中，封装、继承和多态是三个核心概念，它们使代码更加模块化，可维护性更强，并且能够更好地应对不断变化的需求。

6.2.1 封装

类的成员默认是公有成员，可以在类的外部通过类或对象随意地访问，这样显然不够安全。

封装是指将数据和操作封装在一个单独的单元（类）中，以实现数据的隐藏和保护，防止外部代码无意间破坏对象的状态，同时，通过公共接口提供对数据和操作的访问。

在 Python 中，封装通过类的定义和访问控制来实现。封装的优势在于它可以隐藏内部实现细节，使代码更加模块化、可维护和可扩展。通过定义明确的接口，可以降低代码的耦合度，从而更容易进行团队协作和代码重构。

在 Python 中，可以通过以下方式实现封装：

◇ 使用双下划线__开头的属性和方法，将其设为私有成员，只能在类的内部访问。语

法格式如下：

```
__属性名
__方法名
```

◇ 提供公共方法来访问和修改私有成员，确保对数据的控制和验证。

例如：

```
class Animal:
    def __init__(self,species,sound):
        self.__species=species
        self.__sound=sound

    def make_sound(self):
        return f"The {self.__species} makes a sound:{self.__sound}"

#创建动物对象
dog=Animal("Dog","Woof!")
cat=Animal("Cat","Meow!")
duck=Animal("Duck","Quack!")

#访问封装的属性和方法
print(dog.make_sound())   #输出:The Dog makes a sound:Woof!
print(cat.make_sound())   #输出:The Cat makes a sound:Meow!
print(duck.make_sound())  #输出:The Duck makes a sound:Quack!
```

6.2.2 继承

继承是一种创建新类的机制，新类可以继承现有类的属性和方法。继承能够促使代码重用，避免了重复编写相似的代码。

在 Python 中，可以通过创建一个新类，并在类定义时将现有类作为参数，从而实现继承。新类被称为子类或派生类，现有类被称为父类或基类，子类会自动拥有父类的公有成员，但是子类不会拥有父类的私有成员，也不能访问父类的私有成员。例如：

```
class Animal:
    def speak(self):
        pass

class Dog(Animal):
    def speak(self):
        return "Woof!"
```

```
class Cat(Animal):
    def speak(self):
        return "Meow!"

dog=Dog()
cat=Cat()
print(dog.speak())   # 输出:Woof!
print(cat.speak())   # 输出:Meow!
```

6.2.3 多态

多态是指不同的对象对于相同的方法调用可以产生不同的行为。多态性允许我们以一种更加抽象和通用的方式来编写代码，使代码更加灵活和可扩展。

在面向对象编程中，多态性实现了方法的重写（覆盖）和方法的动态绑定。

例如：

```
class Animal:
    def speak(self):
        pass

class Dog(Animal):
    def speak(self):
        return "Woof!"

class Cat(Animal):
    def speak(self):
        return "Meow!"

class Duck(Animal):
    def speak(self):
        return "Quack!"

def animal_sound(animal):
    return animal.speak()

#创建不同类型的动物对象
dog=Dog()
cat=Cat()
duck=Duck()
```

```
#调用函数展示多态性
print("Dog says:",animal_sound(dog))      #输出:Dog says:Woof!
print("Cat says:",animal_sound(cat))      #输出:Cat says:Meow!
print("Duck says:",animal_sound(duck))    #输出:Duck says:Quack!
```

案例 6-2　在线动物园门票预订系统

编写一个简单的在线动物园门票预订系统，旨在通过面向对象的封装、继承和多态来模拟用户预订门票的过程。系统中有不同类型的动物园门票（成人票、儿童票等），用户可以根据需要选择不同的票种进行预订。

案例分析：

本案例将门票类和用户类封装成对象，隐藏内部实现细节，只暴露必要的接口。通过继承实现不同类型门票的特性（如成人票和儿童票继承自基础票类）。通过多态性，不同类型的门票对象可以对同一种操作（如计算票价）有不同的行为。类的设计如下：

（1）ZooTicket 类：定义了动物园门票的基本属性和方法，包括票种和价格，以及计算总价格的方法。

（2）AdultTicket 类和 ChildTicket 类：分别继承自 ZooTicket 类，代表成人票和儿童票，通过 super( ) 调用父类的初始化方法，并设置特定的票价。

（3）User 类：用户类用于管理用户信息和预订门票的操作，包括预订门票和显示预订信息的方法。

参考代码：

```
#定义动物园门票类
class ZooTicket:
    def __init__(self,ticket_type,price):
        self.ticket_type=ticket_type
        self.price=price

    def calculate_total_price(self,quantity):
        return self.price * quantity

    def display_ticket_info(self):
        print(f"门票类型:{self.ticket_type}")
        print(f"价格:¥{self.price:.2f}")

#成人票类,继承自动物园门票类
class AdultTicket(ZooTicket):
    def __init__(self):
        super().__init__("成人票",50.0)
```

```
#儿童票类,继承自动物园门票类
class ChildTicket(ZooTicket):
    def __init__(self):
        super().__init__("儿童票",30.0)

#用户类,用于预订门票
class User:
    def __init__(self,name):
        self.name=name
        self.tickets=[]

    def book_ticket(self,ticket,quantity):
        total_price=ticket.calculate_total_price(quantity)
        self.tickets.append((ticket,quantity,total_price))
        print(f"{self.name}预订了{quantity}张{ticket.ticket_type},总价:¥{total_
price:.2f}")

    def display_booking_info(self):
        print(f"{self.name}的预订信息:")
        for ticket,quantity,total_price in self.tickets:
            print(f"{ticket.ticket_type} x {quantity},总价:¥{total_price:.2f}")

#主程序
if __name__=="__main__":
    #创建用户
    user1=User("王珂")

    #创建门票
    adult_ticket=AdultTicket()
    child_ticket=ChildTicket()

    #用户预订门票
    user1.book_ticket(adult_ticket,2)
    user1.book_ticket(child_ticket,3)

    #显示用户预订信息
    user1.display_booking_info()
```

运行结果:

程序运行结果如图 6-2 所示。

```
王珂预订了2张成人票，总价：￥100.00
王珂预订了3张儿童票，总价：￥90.00
王珂的预订信息：
成人票 x 2，总价：￥100.00
儿童票 x 3，总价：￥90.00
```

图 6-2　案例 6-2 运行结果

任务实现

如前面任务中所介绍，一卡通系统分为学生端和管理员端，学生可以查询个人信息、修改密码、充值、消费、挂失和解锁卡片；管理员可以开卡、查询卡片信息、重置密码、禁用卡片、解锁卡片和销卡。使用面向对象实现用户管理的功能时，可以将用户相关的属性和方法封装在 User 类中，将用户管理相关的属性和方法封装在 StudentSystem 类中。具体定义方式如下。

（1）User 类：

属性：学号（student_id）、密码（password）、余额（balance）、挂失状态（suspended）、交易记录列表（records）。

方法：

recharge：充值方法，接收充值金额，更新余额并添加充值记录。

consume：消费方法，接收消费金额，判断余额是否足够，更新余额并添加消费记录。

stop_card：挂失方法，设置挂失状态。

recover_card：解锁方法，取消挂失状态。

change_password：修改密码方法，验证原密码后设置新密码。

print_info：打印用户信息和交易记录。

print_records：打印交易记录。

（2）StudentSystem 类：

属性：学生用户信息字典（users）、管理员密码（admin_password）。

方法：

get_user()：获取用户，获取学生学号。

create_user()：开卡方法，创建新用户。

delete_user()：删除用户方法，销卡。

reset_password()：重置密码方法，用于充值用户密码。

disable_user()：禁用方法，禁用用户卡片。

enable_user()：解锁方法，解锁挂失卡片。

student_menu()：学生功能选择菜单，根据用户的选择来调用相应的 User 类的方法进行操作。

admin_menu()：管理员功能选择菜单，根据管理员的选择来调用相应的 StudentSystem 类的方法进行操作。

（3）在主函数中，根据用户的选择来调用相应的菜单进行操作。

参考代码：

```
#用面向对象对功能进行封装
import datetime
class User:
    def __init__(self,student_id,password):
        self.student_id=student_id
        self.password=password
        self.balance=0
        self.disabled=False
        self.suspended=False
        self.records=[]

    def print_records(self):
        if self.records:
            print("充值及消费记录:")
            for record in self.records:
                print(record)
        else:
            print("该学号无充值消费记录")

    def recharge(self):
        amount=float(input("请输入充值金额:"))
        if amount>0:
            self.balance +=amount
            record=f"充值时间:{datetime.datetime.now().strftime('%Y-%m-%d %H:
%M:%S')},充值金额:{amount},余额{self.balance}"
            self.records.append(record)
            print(f"操作成功,当前余额:{self.balance}")
        else:
            print("充值金额必须大于0!")

    def consume(self):
        if self.suspended:
            print("卡片已挂失,请先解锁后再消费!")
        else:
```

```
            amount=float(input("请输入消费金额:"))
            if amount>0:
                if self.balance >=amount:
                    self.balance-=amount
                    record=f"消费时间:{datetime.datetime.now().strftime('%Y-%m-%d %H:%M:%S')},消费金额:{amount},余额{self.balance}"
                    self.records.append(record)
                    print(f"操作成功,当前余额:{self.balance}")
                else:
                    print("余额不足,无法消费!")
            else:
                print("消费金额必须大于0!")

    def stop_card(self):
        self.suspended=True
        print("卡片已挂失!")

    def recover_card(self):
        self.suspended=False
        print("卡片已解锁!")

    def print_info(self):
        print(f"学号:{self.student_id},余额:{self.balance},是否挂失:{'未挂失' if not self.suspended else '已挂失'}")
        self.print_records()

    def change_password(self):
        old_password=input("请输入原密码:")
        if old_password==self.password:
            new_password=input("请输入新密码:")
            self.password=new_password
            print("密码修改成功!")
        else:
            print("原密码错误!")

class StudentSystem:
    def __init__(self):
        self.users={}
        self.admin_password="123456"
```

```
    def get_user(self,student_id):
        if student_id in self.users:
            return self.users[student_id]
        else:
            print("该学号不存在!")
            return None

    def create_user(self,student_id,password):
        if student_id in self.users:
            print("该学号已存在!")
        else:
            self.users[student_id]=User(student_id,password)
            print("开卡成功!")

    def delete_user(self,student_id):
        if student_id in self.users:
            del self.users[student_id]
            print("销卡成功!")
        else:
            print("该学号不存在!")

    def reset_password(self,student_id,new_password):
        user=self.get_user(student_id)
        if user:
            user.password=new_password
            print("密码重置成功!")

    def disable_user(self,student_id):
        user=self.get_user(student_id)
        if user:
            user.disabled=True
            print("卡片已禁用!")

    def enable_user(self,student_id):
        user=self.get_user(student_id)
        if user:
            user.disabled=False
            print("卡片已解锁!")
```

```
    def student_menu(self,user):
        while True:
            print("*****欢迎使用学生端系统*****")
            student_choice=input("请选择功能(1-8):\n1. 个人信息查询\n2. 修改密码\n3. 充值\n4. 消费\n5. 挂失\n6. 解锁\n7. 退回主菜单\n8. 退出系统\n")
            if student_choice=="1":
                user.print_info()
            elif student_choice=="2":
                user.change_ password()
            elif student_choice=="3":
                user.recharge()
            elif student_choice=="4":
                user.consume()
            elif student_choice=="5":
                user.stop_card()
            elif student_choice=="6":
                user.recover_card()
            elif student_choice=="7":
                break
            elif student_choice=="8":
                print("已退出系统")
                exit()
            else:
                print("无效选择,请重新输入")

    def admin_menu(self):
        while True:
            print("*****欢迎使用管理端系统*****")
            admin_choice=input("请选择功能(1-8):\n1. 开卡\n2. 卡片查询\n3. 重置密码\n4. 禁用卡片\n5. 解锁卡片\n6. 销卡\n7. 退回主菜单\n8. 退出系统\n")
            if admin_choice=="1":
                student_id=input("请输入学号:")
                password=input("请设置密码:")
                self.create_user(student_id,password)
            elif admin_choice=="2":
                student_id=input("请输入要查询的学号:")
                user=self.get_user(student_id)
                if user:
                    print(
```

```
                        f"学号:{student_id},密码:{user.password},余额:{user.
balance},后台是否禁用卡片:{'已禁用' if user.disabled else '未禁用'},学生是否挂失卡片:{'学
生已经挂失' if user.suspended else '学生未挂失'}")
                    user.print_records()
            elif admin_choice=="3":
                student_id=input("请输入要重置密码的学号:")
                new_password=input("请输入新密码:")
                self.reset_password(student_id,new_password)
            elif admin_choice=="4":
                student_id=input("请输入要禁用的学号:")
                self.disable_user(student_id)
            elif admin_choice=="5":
                student_id=input("请输入要解锁的学号:")
                self.enable_user(student_id)
            elif admin_choice=="6":
                student_id=input("请输入要销卡的学号:")
                self.delete_user(student_id)
            elif admin_choice=="7":
                break
            elif admin_choice=="8":
                print("已退出系统")
                exit()
            else:
                print("无效选择,请重新输入")

    def main(self):
        while True:
            print("*****欢迎使用学生卡片管理系统*****")
            choice=input("请选择角色(1-3):\n1.学生\n2.管理员\n3.退出系统\n")
            if choice=="1":
                student_id=input("请输入学号:")
                user=self.get_user(student_id)
                if user:
                    if user.disabled:
                        print("该卡已被管理员禁用,请联系管理员解锁!")
                    else:
                        password=input("请输入密码:")
                        if password==user.password:
                            self.student_menu(user)
```

```
                else:
                    print("密码错误!")
            elif choice=="2":
                admin_password_input=input("请输入管理员密码:")
                if admin_password_input==self.admin_password:
                    self.admin_menu()
                else:
                    print("管理员密码错误!")
            elif choice=="3":
                print("已退出系统")
                exit()
            else:
                print("无效选择,请重新输入")

if __name__=="__main__":
    system=StudentSystem()
    system.main()
```

运行结果：

与任务四、任务五的运行结果相同。

拓展案例　智能家电控制系统

智能家电控制系统是一个允许用户通过手机应用或语音助手控制家中各种智能设备（如空调、灯光、电视等）的系统。用户可以通过系统设定定时任务、调节设备参数、监控设备状态，实现家居生活的智能化和便捷化。

案例分析：

➢ 类的设计

（1）Device 类：代表家中的智能设备，包含设备名称、类型、状态（开启/关闭）以及控制方法（如开启、关闭、调节参数）。

（2）User 类：代表系统用户，包含用户名、密码、控制的设备列表以及定时任务列表。

（3）ControlCommand 类：代表控制命令，包含命令类型（如开启、关闭、调节）、目标设备以及参数值。

（4）封装：我们将设备的部分属性和方法封装在设备类中，使用户无法直接访问或修改它们，只能通过设备类提供的方法来操作。

（5）继承：定义一个基类 Device，然后为不同类型的设备创建子类，比如 Light、AirConditioner 等，这些子类继承自 Device 基类，并添加自己特有的属性和方法。

（6）多态：定义一些操作所有设备的通用方法，然后通过多态来调用不同设备的方法。

➢ 功能分析

（1）设备控制：用户可以通过手机应用或语音助手发送控制命令给指定的设备，如打开客厅的灯光、调节卧室空调的温度等。

(2) 定时任务：用户可以设定定时任务，让系统在特定时间自动执行控制命令，如每天晚上10点自动关闭所有灯光。

(3) 设备状态监控：系统可以实时显示设备的状态，用户可以随时查看设备的开关状态、参数设置等。

(4) 用户权限管理：系统需要管理用户的登录和权限，只有授权用户才能控制设备。

参考代码：

```
class Device:
    def __init__(self,name):
        self.__name=name  #使用双下划线实现私有属性封装
        self.__status=False

    def get_name(self):
        return self.__name

    def is_on(self):
        return self.__status

    def turn_on(self):
        self.__status=True
        print(f"{self.get_name()}已开启。")

    def turn_off(self):
        self.__status=False
        print(f"{self.get_name()}已关闭。")

    def control(self,command):
        #这是一个通用的控制方法,根据命令类型调用相应的具体方法
        if command=="on":
            self.turn_on()
        elif command=="off":
            self.turn_off()
        else:
            print("无效的命令")

#继承 Device 基类,创建具体的设备类
class Light(Device):
    def __init__(self,name,brightness):
```

```
        super().__init__(name)  # 调用父类的构造函数
        self.brightness=brightness

    def dim(self):
        self.brightness-=10
        print(f"{self.get_name()}亮度降低。")

    def brighten(self):
        self.brightness +=10
        print(f"{self.get_name()}亮度增加。")

# User 类:使用多态来控制设备
class User:
    def __init__(self,username,password):
        self.username=username
        self.password=password
        self.devices=[]  # 存储设备对象的列表

    def add_device(self,device):
        self.devices.append(device)

    def control_device(self,device_name,command):
        # 通过设备名称找到对应的设备对象,然后调用其 control 方法
        for device in self.devices:
            if device.get_name()==device_name:
                if command=="on" or command=="off":
                    device.control(command)
                elif command=="dim":
                    device.dim()
                elif command=="brighten":
                    device.brighten()
                else:
                    print("无效的命令")
                return
        print(f"找不到名为{device_name}的设备。")

if __name__=="__main__":
    # 创建设备对象
    living_room_light=Light("客厅灯光",50)
```

```
#创建用户对象并添加设备
user=User("John","password123")
user.add_device(living_room_light)

#用户发送控制命令
user.control_device("客厅灯光","on")
user.control_device("客厅灯光","dim")  #调暗灯光
user.control_device("客厅灯光","brighten")  #调亮灯光
user.control_device("客厅灯光","off")  #关闭灯光
```

运行结果：

程序运行结果如图 6-3 所示。

```
客厅灯光 已开启。
客厅灯光 亮度降低。
客厅灯光 亮度增加。
客厅灯光 已关闭。
```

图 6-3　拓展案例运行结果

思　考

参考 Light 的定义方法，定义 AirConditioner 类的方法和属性，请同学们思考如何编写代码才能实现自动控制空调的功能。

任务总结

在任务的知识储备中介绍了类的定义方法、对象的创建和使用的方法、构造方法的使用，以及封装、继承和多态的概念和实现方式，通过继承扩展现有类的功能，利用多态实现统一接口的不同实现。通过在线电影票务系统和在线动物园门票预订系统等案例，掌握面向对象编程在复杂系统设计中的应用。本任务采用面向对象编程，将一卡通系统的功能模块抽象成类和对象，以提高程序的可扩展性和复用性。

任务评价

通过本任务的实践，可以学会使用面向对象编程的基本方法和步骤。使用面向对象编程的第一步是根据问题的需求分析，设计类来模拟现实世界中的实体或抽象概念，并使用类创建具体对象，调用对象的方法即可驱动问题的实现。本任务的实现还没有涉及面向对象的三大特征：封装、继承和多态，读者可以通过知识点的学习，尝试编写更复杂的面向对象程序。

课后习题

一、选择题

1. 在 Python 中，定义一个类应该使用关键字（　　）。

A. class　　B. struct　　C. type　　D. object

2. 下列（　　）是 Python 类的正确属性访问方式。

A. self. attribute　　B. class. attribute

C. attribute　　D. this. attribute

3. 封装在面向对象编程中的主要目的是（　　）。

A. 增加代码的可读性　　B. 允许外部代码访问所有属性

C. 隐藏类的内部实现细节　　D. 减少内存使用

4. 继承在面向对象编程中允许（　　）。

A. 拥有多个父类　　B. 没有父类

C. 只继承一个父类　　D. 继承多个父类的属性和方法

5. 在 Python 中，关键字（　　）用于实现方法的重写。

A. override　　B. super

C. extends　　D. None of the above

6. 多态在面向对象编程中指的是（　　）。

A. 一个类可以有多个实例　　B. 一个类可以继承多个类

C. 一个接口可以有多种不同的实现　　D. 一个方法可以调用多个不同的实现

二、思考题

1. 讨论类和对象在面向对象编程中的作用和重要性。

2. 解释封装的概念，并给出一个封装在 Python 类中的属性和方法的例子。

3. 描述多态的概念，并解释为什么多态对于编写灵活的代码很重要。

三、实践题

1. 编写一个 Python 程序，定义一个名为' Person' 的类，包含姓名和年龄属性，并包含一个方法来打印个人信息。

2. 扩展 'Person' 类，创建一个名为' Student' 的子类，添加一个名为 'student_id' 的属性，并重写打印个人信息的方法。

3. 实现一个 Python 程序，使用多态性来调用不同类的方法，这些类共享相同的方法名，但具有不同的实现。

4. 编写一个 Python 程序，演示如何使用私有属性和公共方法来控制对类成员的访问。

5. 设计一个简单的银行系统，包含'Account'类，具有存款和取款的方法，然后创建一个'SavingsAccount'类继承自' Account'类，并添加一个计算利息的方法。

6. 实现一个 Python 程序，使用类和对象来模拟一个简单的动物园，其中包含不同的动物类，每个类都有特定的叫声方法。

任务七

校园一卡通系统信息存储

任务目标

知识目标：

- 理解文件的打开和关闭操作
- 掌握 Python 中文件操作的相关函数和方法，包括写文件和读文件
- 了解 os 库和 shutil 库在文件和目录管理方面的常用方法

技能目标：

- 能够正确处理文件的打开、写入和关闭操作
- 能够实现数据的持久化存储和读取
- 能够利用 os 库进行文件和目录操作
- 能够利用 shutil 库进行文件和目录的高级操作

素养目标：

- 培养数据持久化意识，理解信息存储在软件开发中的重要性
- 能够根据实际场景选择合适的文件存储方案
- 培养良好的错误处理和异常处理能力，确保程序稳定性和健壮性
- 能够通过查阅官方文档、社区论坛或搜索引擎等渠道解决问题

任务分析

在前面的任务中已经实现了用户管理模块的基本功能，但是数据只是在程序运行期间用组合数据类型保存，并在程序执行过程中输出用户的相关信息，当程序停止运行时，数据会消失，没有永久保存，本任务主要是实现用户数据持久保存。

知识储备

在 Python 中，文件是一种用于存储数据的基本数据类型。可以使用文件持久性地保存数据，使数据在程序结束后仍然存在。操作系统对数据的管理是以文件为单位，根据物理结

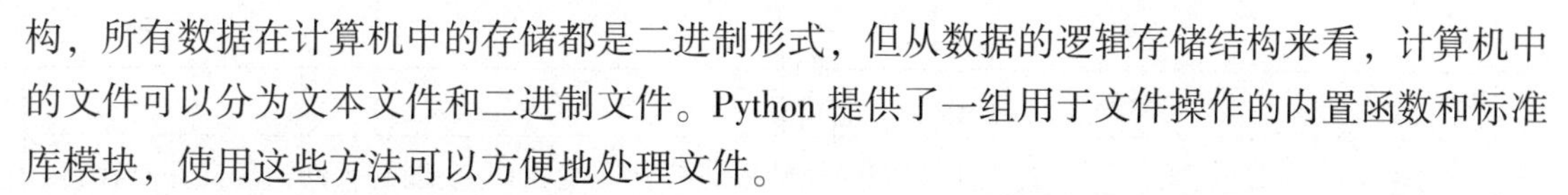

构，所有数据在计算机中的存储都是二进制形式，但从数据的逻辑存储结构来看，计算机中的文件可以分为文本文件和二进制文件。Python 提供了一组用于文件操作的内置函数和标准库模块，使用这些方法可以方便地处理文件。

文件的基本操作包括文件的打开、关闭与读写，任何复杂的文件操作都是在这些操作的基础上进行的。在打开的文件上执行的活动类型是由访问模式控制的，这些模式指定了文件句柄在文件中的位置。文件句柄可以看作一个指针，它表明了数据在文件的读写位置。

7.1 文件的打开和关闭

7.1.1 打开文件

在 Python 中，可以使用内置函数 open()来打开文件，该方法的语法格式如下：

```
open(file_name [,mode][,buffering])
```

其中，file_name 是要访问的文件路径；mode 是文件的打开模式，可以是 r、w、a 等模式，具体用法见表 7-1，默认文件访问模式为 r；buffering 是访问文件的缓冲方式，取值为 0 或 1。常用的参数有文件名和打开模式两个。

例如：

```
#打开文件(如果不存在,则会报错),使用只读模式
file=open("example.txt","r")
```

又如：

```
#打开文件(如果不存在,则会创建文件),使用写入模式
file=open("example.txt","w")
```

open()方法调用成功后的返回值是一个文件对象，若文件打开失败，会抛出异常，并打印错误信息。

在 Python 中，常用的文件访问模式有 6 种，见表 7-1。

表 7-1　文件打开模式及说明

打开模式	名称	描述
r/rb	只读模式	以只读的形式打开文本文件/二进制文件，若文件不存在或无法找到，文件打开失败
w/wb	只写模式	以只写的形式打开文本文件/二进制文件，若文件已存在，则重写文件，否则创建新文件
a/ab	追加模式	以只写的形式打开文本文件/二进制文件，只允许在该文件末尾追加数据，若文件不存在，则创建新文件

续表

打开模式	名称	描述
r+/rb+	读取/更新模式	以读/写的形式打开文本文件/二进制文件，若文件不存在，则文件打开失败
w+/wb+	写入/更新模式	以读/写的形式打开文本文件/二进制文件，若文件已存在，则重写文件
a+/ab+	追加/更新模式	以读/写的形式打开文本/二进制文件，只允许在文件末尾添加数据，若文件不存在，则创建新文件

7.1.2 关闭文件

当完成对文件的读写操作后，务必及时关闭文件，以释放系统资源，这是一个良好的习惯，Python 中使用内置函数 close( )关闭文件。

例如：

```
# 打开文件
file=open("example.txt","r")
# 读取文件内容并打印
content=file.read()
print(content)
# 文件操作完成后,关闭文件
file.close()
```

思　考

文件为什么要及时关闭？

原因：①计算机中可打开的文件数量是有限的；②打开的文件占用系统资源；③若程序因异常关闭，可能使数据丢失。

7.2 文件的读写方法

7.2.1 写文件

读写文件是文件常见的基本操作任务，Python 提供了 write( )方法来写入文件内容。

例如：

```
file=open('output.txt','w')

# 写入内容
```

```
file.write('Hello,World! \n')
file.write('Python 文件操作基础示例。\n')

# 关闭文件
file.close()
```

使用写入模式'w'可以写入文件。如果文件不存在，Python 会自动创建文件；如果文件存在，写入模式会清空文件内容，也可以使用追加（a）模式写入文件内容。

Python 提供了 with 语句，用于自动管理文件的打开和关闭，不需要手动调用 close()方法。在 with 语句块中，文件会在使用完毕后自动关闭。

例如：

```
# 使用 with 语句打开文件
with open('example.txt','r') as file:
    content = file.read()
    print(content)

# 文件会在 with 语句块结束后自动关闭
```

7.2.2 读文件

Python 中读取文件内容的方法有很多，可以使用 read()方法一次性读取整个文件的内容，也可以使用 readline()方法逐行读取文件内容，还可以使用 readlines()方法读取文件所有行。

1. read()方法

使用 read()方法可以一次性读取整个文件的内容，例如：

```
# 打开文件(如果不存在,则会抛出异常)
file = open("example.txt","r")

# 读取文件内容
content = file.read()
print(content)

# 关闭文件
file.close()
```

2. readline()方法

若想逐行读取文件的内容，可以使用 readline()方法，例如：

```
# 打开文件
with open('example.txt','r') as file:
```

```
    line=file.readline()
    while line:
        print(line)
        line=file.readline()
```

以上示例中，readline()方法用于每次读取文件的一行内容。使用 while 循环，可以逐行读取整个文件。

3. readlines()方法

可以使用 readlines()方法将文件中所有行存储在一个列表中，例如：

```
# 打开文件
with open('example.txt','r') as file:
    lines=file.readlines()
    for line in lines:
        print(line)
```

在以上示例中，readlines()方法用于读取文件的所有行，并将它们存储在列表 lines 中，可以使用 for 循环遍历列表，逐行输出文件中每行内容。

7.3 os 库的常用方法

Python 中的 os 模块提供了丰富的方法来实现文件和目录操作，使用 os 库可以实现文件的创建、复制、移动以及目录的创建和删除等任务，方便地管理文件和目录，使 Python 程序更加强大和灵活。下面介绍 os 库的常用方法。

1. 获取当前工作目录

使用 os.getcwd()方法可以获取当前工作目录，即当前正在运行的脚本所在的目录，例如：

```
import os

current_directory=os.getcwd()
print("当前工作目录:",current_directory)
```

2. 创建目录

使用 os.mkdir()方法可以创建新的目录，例如：

```
import os

os.mkdir('/path/to/new/directory')
print("新目录已创建")
```

3. 删除目录

使用 os.rmdir()方法可以删除空目录，如果目录非空，则会抛出 OSError，例如：

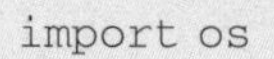

```
import os

os.rmdir('/path/to/empty/directory')
print("空目录已删除")
```

4. 重命名文件或目录

使用 rename()方法可以完成文件的重命名，例如：

```
import os

os.rename('old_file.txt','new_file.txt')
print("文件已重名命")
```

5. 检查文件或目录是否存在

使用 os. path. exists()方法可以检查文件或目录是否存在，如果存在，则返回 True，否则返回 False，例如：

```
import os

if os.path.exists('/path/to/file_or_directory'):
    print("文件或目录存在")
else:
    print("文件或目录不存在")
```

6. 删除文件

使用 os. remove()方法可以删除文件，例如：

```
import os

os.remove('/path/to/file.txt')
print("文件已删除")
```

案例 7-1　简易日志记录器

编写一个简易的日志记录器，允许用户将日志信息写入指定的文本文件中。本案例要求编写代码，实现创建日志文件、将用户输入的日志信息写入日志文件中和关闭日志文件这三个功能。

案例分析：

（1）创建日志文件功能：检查用户指定的文件是否存在，若不存在，则创建。

（2）写入日志功能：提示用户输入日志信息，将用户输入的日志信息追加到文件中。

（3）关闭日志文件功能：使用 close()方法关闭已打开的日志文件。

参考代码：

```
import os

def create_log_file(file_path):
    if not os.path.exists(file_path):
        with open(file_path,'w',endcoding='utf-8') as file:
            file.write('日志记录开始...\n')
        print(f"日志文件{file_path}已创建。")
    else:
        print(f"日志文件{file_path}已存在。")

def write_log(file_path,log_message):
    with open(file_path,'a',endcoding='utf-8') as file:
        file.write(f"{log_message}\n")
    print(f"日志信息已写入:{log_message}")

def close_log_file(file_path):
    try:
        with open(file_path,'a+',endcoding='utf-8') as file:
            file.write('日志记录结束...\n')
        print(f"日志文件{file_path}已关闭。")
    except FileNotFoundError:
        print(f"日志文件{file_path}不存在。")
log_file_path='log.txt'  #日志文件路径
create_log_file(log_file_path)

log_messages=[
    "系统启动成功",
    "用户登录成功",
    "执行了某项操作"
]

for message in log_messages:
    write_log(log_file_path,message)

#关闭日志文件
close_log_file(log_file_path)
```

运行结果：

程序运行结果如图 7-1 所示。

```
日志文件 log.txt 已创建。
日志信息已写入：系统启动成功
日志信息已写入：用户登录成功
日志信息已写入：执行了某项操作
日志文件 log.txt 已关闭。
```

图 7-1　案例 7-1 运行结果

7.4　shutil 库的常用方法

Python 的 shutil 模块提供了许多高级的文件操作工具，可以简化文件和目录的复制、移动、重命名以及删除等操作。本节将介绍如何使用 shutil 库来执行这些常见的文件系统任务。

1. 复制文件

使用 shutil. copy(source,destination) 可以复制单个文件到目标位置，例如：

```
#复制文件到目标位置
import shutil

source_file='source_folder/file.txt'
destination_folder='destination_folder'
shutil.copy(source_file,destination_folder)
```

2. 复制整个目录树

使用 shutil. copytree(source,destination) 可以递归地复制整个目录树到目标位置，例如：

```
#复制整个目录树
import shutil

source_folder='source_folder'
destination_folder='destination_folder'
shutil.copytree(source_folder,destination_folder)
```

3. 移动文件或目录

使用 shutil. move(source,destination) 可以移动文件或目录到目标位置，也可以用来重命名文件或目录，例如：

```
#移动文件
import shutil
```

```
source='old_folder/file.txt'
destination='new_folder'
shutil.move(source,destination)
```

4. 删除目录

使用 shutil. rmtree(path) 可以递归地删除整个目录树，例如：

```
#删除目录
import shutil

directory_to_delete='directory_to_delete'
shutil.rmtree(directory_to_delete)
```

在 7.3 节中介绍了 os 库，os 库和 shutil 库的区别如下：

◇ os 提供了较低层次的基本文件和目录操作，而 shutil 提供了更高层次的复杂文件操作。

◇ os 主要用于单个文件或简单目录的操作，而 shutil 更适用于涉及整个目录结构、递归操作的任务。

选择是使用 os 还是 shutil 取决于具体的操作需求。如果仅需要基本的文件和目录操作，使用 os 就足够了；如果涉及复制、移动、删除整个目录树等复杂操作，则应选择 shutil。总之，os 和 shutil 在文件与目录操作中各有其优势，可以根据具体需求选择合适的模块来完成任务。

任务实现

在知识储备中，学习了文件的基本操作，本任务中对之前代码进行了改进，使用文件保存数据，实现用户的充值和消费记录以及用户数据的持久化存储。用户的记录保存在以学号命名的文件中，用户数据保存在一个统一的文件中。

（1）User 类中的 save_records 方法负责将充值和消费记录保存到文件中。根据学号创建一个以学号命名的文件，然后将记录逐行写入文件。

（2）StudentSystem 类中的 save_data 方法负责将用户数据保存到文件中。遍历所有的用户，并将每个用户的学号、密码、余额、禁用状态和挂失状态写入文件。

（3）StudentSystem 类中的 load_records 方法负责从文件中加载充值和消费记录。根据学号找到对应的文件，然后逐行读取文件内容，将每行记录添加到用户的记录列表中。

（4）StudentSystem 类中的 load_data 方法负责从文件中加载用户数据。打开存储用户数据的文件，逐行读取文件内容，并根据读取的内容创建用户对象。然后将每个用户对象添加到系统的用户字典中，并调用 load_records 方法加载对应用户的充值和消费记录。

（5）在 main 方法中，系统初始化时，会调用 load_data 方法加载之前保存的用户数据。

（6）在用户进行充值和消费操作时，会调用 save_records 方法将记录保存到文件中。

(7) 在管理员进行开卡、销卡、重置密码等操作时，会调用 save_data 方法将用户数据保存到文件中。

参考代码：

```
#用文件对一卡通信息进行持久化保存
import datetime
import os

class User:
    def __init__(self,student_id,password):
        self.student_id=student_id
        self.password=password
        self.balance=0
        self.disabled=False
        self.suspended=False
        self.records=[]

    def print_records(self):
        if self.records:
            print("充值及消费记录:")
            for record in self.records:
                print(record)
        else:
            print("该学号无充值消费记录")

    def recharge(self):
        amount=float(input("请输入充值金额:"))
        if amount>0:
            self.balance +=amount
            record=f"充值时间:{datetime.datetime.now().strftime('%Y-%m-%d %H:
%M:%S')},充值金额:{amount},余额{self.balance}"
            self.records.append(record)
            print(f"操作成功,当前余额:{self.balance}")
            self.save_records()
        else:
            print("充值金额必须大于0!")

    def consume(self):
        if self.suspended:
            print("卡片已挂失,请先解锁后再消费!")
```

```
        else:
            amount=float(input("请输入消费金额:"))
            if amount>0:
                if self.balance >=amount:
                    self.balance-=amount
                    record=f"消费时间:{datetime.datetime.now().strftime('%Y-%m-%d %H:%M:%S')},消费金额:{amount},余额{self.balance}"
                    self.records.append(record)
                    print(f"操作成功,当前余额:{self.balance}")
                    self.save_records()
                else:
                    print("余额不足,无法消费!")
            else:
                print("消费金额必须大于0!")

    def stop_card(self):
        self.suspended=True
        print("卡片已挂失!")

    def recover_card(self):
        self.suspended=False
        print("卡片已解锁!")

    def print_info(self):
        print(f"学号:{self.student_id},余额:{self.balance},是否挂失:{'未挂失' if not self.suspended else '已挂失'}")
        self.print_records()

    def change_password(self):
        old_password=input("请输入原密码:")
        if old_password==self.password:
            new_password=input("请输入新密码:")
            self.password=new_password
            print("密码修改成功!")
        else:
            print("原密码错误!")

    def save_records(self):
        filename=f"{self.student_id}.txt"
```

```
        with open(filename,"w",endcoding='utf-8') as file:
            file.write("\n".join(self.records)+"\n")

class StudentSystem:
    def __init__(self):
        self.users={}
        self.admin_password="123456"
        self.load_data()

    def save_data(self):
        with open("user_data.txt","w") as file:
            for student_id,user in self.users.items():
                data = f"{student_id},{user.password},{user.balance},{int
(user.disabled)},{int(user.suspended)}"
                file.write(data+"\n")

    def load_records(self,user):
        filename=f"{user.student_id}.txt"
        try:
            with open(filename,"r",endcoding='utf-8') as file:
                for line in file:
                    record=line.strip()
                    user.records.append(record)
        except FileNotFoundError:
            pass

    def load_data(self):
        try:
            with open("user_data.txt","r") as file:
                for line in file:
                    student_id,password,balance,disabled,suspended=line.strip().
split(",")
                    user=User(student_id,password)
                    user.balance=float(balance)
                    user.disabled=bool(int(disabled))
                    user.suspended=bool(int(suspended))
                    self.users[student_id]=user
                    self.load_records(user)
        except FileNotFoundError:
```

```
            pass

    def get_user(self,student_id):
        if student_id in self.users:
            return self.users[student_id]
        else:
            print("该学号不存在!")
            return None

    def create_user(self,student_id,password):
        if student_id in self.users:
            print("该学号已存在!")
        else:
            self.users[student_id]=User(student_id,password)
            print("开卡成功!")

    def delete_user(self,student_id):
        if student_id in self.users:
            del self.users[student_id]
            print("销卡成功!")
            filename=f"{student_id}.txt"
            try:
                os.remove(filename)
                print(f"记录文件{filename}已成功删除")
            except FileNotFoundError:
                print(f"记录文件{filename}不存在")
        else:
            print("该学号不存在!")

    def reset_password(self,student_id,new_password):
        user=self.get_user(student_id)
        if user:
            user.password=new_password
            print("密码重置成功!")

    def disable_user(self,student_id):
        user=self.get_user(student_id)
        if user:
            user.disabled=True
```

```
            print("卡片已禁用!")

    def enable_user(self,student_id):
        user=self.get_user(student_id)
        if user:
            user.disabled=False
            print("卡片已解锁!")

    def student_menu(self,user):
        while True:
            print("*****欢迎使用学生端系统*****")
            student_choice=input("请选择功能(1-8):\n1.个人信息查询\n2.修改密码
\n3.充值\n4.消费\n5.挂失\n6.解锁\n7.退回主菜单\n8.退出系统\n")
            if student_choice=="1":
                user.print_info()
            elif student_choice=="2":
                user.change_password()
            elif student_choice=="3":
                user.recharge()
            elif student_choice=="4":
                user.consume()
            elif student_choice=="5":
                user.stop_card()
            elif student_choice=="6":
                user.recover_card()
            elif student_choice=="7":
                break
            elif student_choice=="8":
                self.save_data()
                print("数据已保存,退出系统")
                exit()
            else:
                print("无效选择,请重新输入")

    def admin_menu(self):
        while True:
            print("*****欢迎使用管理端系统*****")
            admin_choice=input("请选择功能(1-8):\n1.开卡\n2.卡片查询\n3.重置密码
\n4.禁用卡片\n5.解锁卡片\n6.销卡\n7.退回主菜单\n8.退出系统\n")
```

```
            if admin_choice=="1":
                student_id=input("请输入学号:")
                password=input("请设置密码:")
                self.create_user(student_id,password)
            elif admin_choice=="2":
                student_id=input("请输入要查询的学号:")
                user=self.get_user(student_id)
                if user:
                    print(
                            f"学号:{student_id},密码:{user.password},余额:{user.
balance},后台是否禁用卡片:{'已禁用' if user.disabled else '未禁用'},学生是否挂失卡片:{'学
生已经挂失' if user.suspended else '学生未挂失'}")
                    user.print_records()
            elif admin_choice=="3":
                student_id=input("请输入要重置密码的学号:")
                new_password=input("请输入新密码:")
                self.reset_password(student_id,new_password)
            elif admin_choice=="4":
                student_id=input("请输入要禁用的学号:")
                self.disable_user(student_id)
            elif admin_choice=="5":
                student_id=input("请输入要解锁的学号:")
                self.enable_user(student_id)
            elif admin_choice=="6":
                student_id=input("请输入要销卡的学号:")
                self.delete_user(student_id)
            elif admin_choice=="7":
                break
            elif admin_choice=="8":
                self.save_data()
                print("数据已保存,退出系统")
                exit()
            else:
                print("无效选择,请重新输入")

    def main(self):
        while True:
            print("*****欢迎使用学生卡片管理系统*****")
            choice=input("请选择角色(1-3):\n1.学生\n2.管理员\n3.退出系统\n")
```

```
            if choice=="1":
                student_id=input("请输入学号:")
                user=self.get_user(student_id)
                if user:
                    if user.disabled:
                        print("该卡已被管理员禁用,请联系管理员解锁!")
                    else:
                        password=input("请输入密码:")
                        if password==user.password:
                            self.student_menu(user)
                        else:
                            print("密码错误!")
            elif choice=="2":
                admin_password_input=input("请输入管理员密码:")
                if admin_password_input==self.admin_password:
                    self.admin_menu()
                else:
                    print("管理员密码错误!")
            elif choice=="3":
                self.save_data()
                print("数据已保存,退出系统")
                exit()
            else:
                print("无效选择,请重新输入")


if __name__=="__main__":
    system=StudentSystem()
    system.main()
```

运行结果：

与任务四、任务五、任务六的运行结果基本相同。

当管理员创建了 3 个用户：10001、10002、1003，且用户 1001 与 1002 进行了充值及消费活动后，会生成以下文件：

10001.txt
10002.txt
user_data.txt

文件 10001. txt 内容：

```
充值时间：2025-01-11 12:51:21，充值金额：500.0，余额500.0
消费时间：2025-01-11 12:51:32，消费金额：89.0，余额411.0
```

文件 10002. txt 内容：

```
充值时间：2025-01-11 12:51:51，充值金额：300.0，余额300.0
消费时间：2025-01-11 12:51:58，消费金额：12.0，余额288.0
消费时间：2025-01-11 12:52:04，消费金额：25.0，余额263.0
```

文件 user_ data. txt 内容：

```
10001,123456,411.0,0,0
10002,123,263.0,0,0
10003,123,0,0,0
```

拓展案例　文件夹管理助手

编写一个简易的文件夹管理助手，使用 os 库来操作文件和目录。该助手可以帮助用户完成列出指定目录下的所有文件和子目录、创建新的文件夹、删除指定的文件夹（如果该文件夹为空）、复制文件或文件夹到目标位置、移动文件或文件夹到目标位置的功能。

案例分析：

（1）list_directory_contents 函数：列出当前根目录下的所有文件和子目录，并对每个项目进行判断，如果是文件夹，则以“/”结尾输出，如果是文件，则直接输出文件名。

（2）create_directory 函数：创建新的文件夹，并捕获 FileExistsError 异常。如果文件夹已经存在，则输出提示信息。

（3）delete_directory 函数：删除空的文件夹。

（4）copy_item 函数：复制文件或文件夹到指定位置，使用 os. path. exists(source) 检查源路径是否存在。

（5）move_item 函数：移动文件或文件夹到指定位置，判断源路径是文件还是文件夹，使用 move_folder(source,destination) 函数移动文件或文件夹。

（6）copy_file 函数：复制文件到指定位置。

（7）copy_folder 函数：复制文件夹到指定位置。

（8）move_file 函数：移动文件到指定位置。

（9）move_folder 函数：移动文件夹到指定位置。

参考代码：

```
import os
import shutil

def list_directory_contents(directory):
    """列出指定目录下的所有文件和子目录"""
    print(f"目录 {directory} 下的内容:")
    for item in os.listdir(directory):
        if os.path.isdir(os.path.join(directory,item)):
            print(f"文件夹:{item}/")
        else:
```

```
            print(f"文件:{item}")

def create_directory(directory):
    """创建新的文件夹"""
    try:
        os.mkdir(directory)
        print(f"文件夹 {directory} 已创建。")
    except FileExistsError:
        print(f"文件夹 {directory} 已存在。")

def delete_directory(directory):
    """删除空的文件夹"""
    try:
        os.rmdir(directory)
        print(f"文件夹 {directory} 已删除。")
    except OSError as e:
        print(f"无法删除文件夹 {directory}:{e}")

def copy_item(source,destination):
    """复制文件或文件夹到目标位置"""
    if os.path.isdir(source):
        shutil.copytree(source,destination)
        print(f"文件夹 {source} 已复制到 {destination}。")
    elif os.path.isfile(source):
        shutil.copy(source,destination)
        print(f"文件 {source} 已复制到 {destination}。")
    else:
        print("源路径不存在或不是文件/文件夹。")

def move_item(source,destination):
    """移动文件或文件夹到目标位置"""
    if os.path.isdir(source):
        shutil.move(source,destination)
        print(f"文件夹 {source} 已移动到 {destination}。")
    elif os.path.isfile(source):
        shutil.move(source,destination)
        print(f"文件 {source} 已移动到 {destination}。")
    else:
        print("源路径不存在或不是文件/文件夹。")
```

```
current_directory='.'
new_directory='new_folder'
existing_directory='existing_folder'
file_to_copy='example.txt'
folder_to_copy='example_folder'
destination_path='destination_path'

# 列出目录内容
list_directory_contents(current_directory)
# 创建新的文件夹
create_directory(new_directory)
# 删除空的文件夹
delete_directory(new_directory)
# 复制文件到目标位置
copy_item(file_to_copy,destination_path)
# 复制文件夹到目标位置
copy_item(folder_to_copy,destination_path)
# 移动文件到目标位置
move_item(file_to_copy,destination_path)
# 移动文件夹到目标位置
move_item(existing_directory,destination_path)
```

运行结果：

程序执行前，先确保以下目录或文件存在，如图 7-2 所示。

```
fileTest
    destination_path
    example_folder
    existing_folder
    example.txt
    fileDemo.py
```

图 7-2　拓展案例执行前的目录结构

程序执行后，目录更改为（程序执行过程中创建过新文件夹 new_folder，后来执行删除函数时，该文件夹又被删除）如图 7-3 所示。

```
fileTest
  ▶ destination_path
    example_folder
    fileDemo.py
```

图 7-3　拓展案例执行结束后的目录结构

程序运行结果图 7-4 所示。

```
目录 . 下的内容:
文件夹: destination_path/
文件: example.txt
文件夹: example_folder/
文件夹: existing_folder/
文件: fileDemo.py
文件夹 new_folder 已创建。
文件夹 new_folder 已删除。
文件 example.txt 已复制到 destination_path。
文件夹 example_folder 已复制到 destination_path。
文件 example.txt 已移动到 destination_path。
文件夹 existing_folder 已移动到 destination_path。
```

图 7-4　拓展案例运行结果

任务总结

在任务的知识储备中，介绍了如何使用 Python 来打开和关闭文件，以及文件读写等基本步骤和方法。打开文件时，需要指定文件路径和打开模式（读取、写入、追加等），而关闭文件则是确保在完成操作后释放文件资源，以避免资源泄露。通过多个具体案例，巩固了理论知识，体验到了文件处理在软件开发中的重要性。通过编写简易日志记录器，掌握如何将程序运行过程中的关键信息通过文件进行记录，这对于后续的调试和维护具有重要意义。文件夹管理助手案例的实现，进一步锻炼了我们的文件操作能力，包括文件的复制、移动、删除等。最终在任务实现过程中，实现了用户的充值和消费记录，以及用户数据的持久化存储。

任务评价

通过本任务的实践，可以掌握文件操作的基本方法，通过实际案例，加深了对文件相关知识点的理解和应用，最终能够运用所学知识解决实际问题，锻炼问题解决能力和创新思维。

课后习题

一、选择题

1. 在 Python 中，以下（　　）是打开文件的正确方式。

A. file = open("filename.txt")

B. file=open("filename.txt","r")

C. file=open("filename.txt","read")

D. file=open("filename.txt","R")

2. 下列（　　）是 Python 文件对象的读取方法。

A. read()　　B. write()　　C. append()　　D. delete()

3. 在 Python 中，文件的写入模式是（　　）。

A. "r"　　B. "w"　　C. "a"　　D. "x"

4. 使用 Python 的 os 库，函数（　　）可以用来获取当前工作目录。

A. os.getcwd()　　B. os.getdir()

C. os.listdir()　　D. os.chdir()

5. 如果需要删除一个文件，应该使用 os 库中的函数（　　）。

A. os.remove()　　B. os.delete()

C. os.erase()　　D. os.rm()

6. 在 Python 中，使用（　　）方法可以关闭文件。

A. close()　　B. shutdown()

C. end()　　D. terminate()

二、思考题

1. 讨论文件打开与关闭的重要性以及不恰当处理可能带来的问题。

2. 描述 Python 中文件读写的常见模式，并解释它们各自的使用场景。

三、实践题

1. 编写一个 Python 程序，使用文件的读写方法创建一个新文件，并写入一些文本内容。

2. 编写一个 Python 程序，读取一个文本文件的所有内容，并打印出来。

3. 设计一个 Python 程序，使用 os 库的功能来重命名一个文件或目录。

4. 编写一个 Python 程序，使用文件操作和 os 库的功能来复制一个文件到另一个目录。

第二部分 Python高级应用

任务八

期末考试成绩统计分析

任务目标

知识目标：

➢ 掌握使用 NumPy 进行数据处理的基本方法

➢ 熟悉 Pandas 库的数据结构和数据操作技巧

➢ 理解 Matplotlib 库用于数据可视化的基本概念和常用绘图方法

技能目标：

➢ 能够利用 NumPy 对考试成绩进行统计分析和处理

➢ 掌握使用 Pandas 进行数据分析的流程，并能独立编写 Python 程序进行数据分析

➢ 能够利用 Matplotlib 绘制直方图、折线图等各类图表，展示成绩分布和趋势

➢ 能够通过查阅官方文档、社区论坛或搜索引擎等渠道解决问题

素养目标：

➢ 具备数据敏感性和逻辑思维能力，能够从数据中提取有价值的信息

➢ 具备对复杂数据的分析和处理能力

➢ 具备团队协作和沟通能力，团队成员能够有效沟通数据分析结果和发现的问题

任务分析

已知一个 CSV 文件，包含学生期末考试成绩，使用 NumPy、Pandas 和 Matplotlib 等 Python 计算生态库，实现对文件中考试成绩的统计分析。该系统可以读取学生的考试成绩，分析并生成相应的统计图表，以便老师和学生更好地了解班级的考试情况。

本任务旨在通过使用 Python 计算生态库中的 NumPy、Pandas 和 Matplotlib 等工具，对学生期末考试成绩进行统计分析。首先使用 Pandas 库读取包含学生考试成绩的 CSV 文件，这涉及文件的读取、数据结构的处理，以及对表格数据的操作。其次，需要利用 NumPy 进行数值计算，例如计算平均分、最高分、最低分等统计指标。最后，通过 Matplotlib 库，将生成的统计结果可视化，以便老师和学生更直观地了解班级的考试情况。本任务要求综合运用这些库，展现数据处理和可视化的完整流程。下面先来介绍 NumPy、Pandas 和 Matplotlib 等工具的具体使用方法。

Python 的强大之处不仅在于其简洁易读的语法，还在于强大的计算生态系统。Python 的生态系统包含丰富的第三方库，提供了丰富多样的工具和资源，可以实现从数据处理到图形展示再到游戏开发的各种功能。本任务将介绍 Python 计算生态库中常用的第三方库的应用，包括 NumPy、Pandas、Matplotlib、jieba、WordCloud、Pygame 等。

8.1 NumPy 数据处理

NumPy 是实现科学计算的基础库，该库提供了多维数组对象，以及用于处理这些数组的函数。它是许多其他科学计算库的基础，通常用于数据处理、线性代数、傅里叶变换等。以下是一个简单的 NumPy 示例：

```
import numpy as np

# 创建一个一维数组
arr=np.array([1,2,3,4,5])

# 创建一个二维数组
matrix=np.array([[1,2,3],[4,5,6]])

# 使用 NumPy 函数进行数组操作
result=np.sum(arr)  # 计算数组元素的和
print("Sum of array elements:",result)
```

8.2 Pandas 库

Pandas 是一个强大的数据分析库，提供了数据结构和数据分析工具，使数据处理变得更加简单。Pandas 主要有两种数据结构：Series 和 DataFrame。以下是一个简单的 Pandas 示例：

```
import pandas as pd

# 创建一个 Series 对象
data=pd.Series([1,2,3,4,5])

# 创建一个 DataFrame 对象
data_dict={'Name':['Lucy','Bob','Charlie'],'Age':[25,30,35]}
df=pd.DataFrame(data_dict)
```

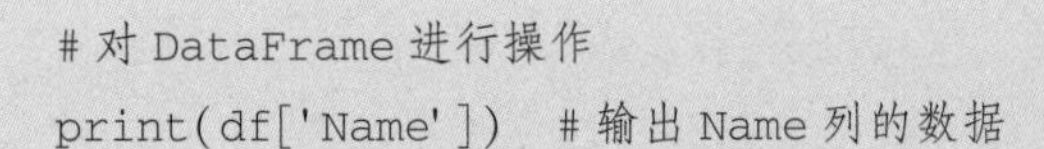

```
# 对 DataFrame 进行操作
print(df['Name'])  # 输出 Name 列的数据
```

8.3　Matplotlib 库

Matplotlib 是一个用于绘制静态、交互式和动态图表的二维图形库。它可以用来创建各种类型的图表，包括折线图、散点图、柱状图等。以下是一个简单的 Matplotlib 示例：

```
import matplotlib.pyplot as plt

# 创建一个简单的折线图
x=[1,2,3,4,5]
y=[2,4,6,8,10]
plt.plot(x,y)
plt.xlabel('X 轴标签')
plt.ylabel('Y 轴标签')
plt.title('简单折线图')
plt.show()
```

任务实现

在任务实现期末考试成绩统计分析，需要综合利用 Python 计算生态库中的 NumPy、Pandas 和 Matplotlib 等工具。

案例分析：

（1）文件操作与数据读取：使用 Pandas 库的 read_csv 方法读取 CSV 文件，了解数据框架的结构和操作方式。

（2）数据处理与计算：通过 NumPy 库进行数值计算，计算平均分、最高分、最低分等统计指标。了解 NumPy 的数组操作和数学计算功能。

（3）数据可视化：使用 Matplotlib 库创建图表，包括柱状图、折线图等，以清晰展示考试成绩的分布和统计结果。

（4）数据分析思路：培养数据分析思维，理解如何从原始数据中提取有用信息，选择合适的统计指标进行分析。

（5）Python 计算生态库的整合应用：综合运用 Pandas、NumPy 和 Matplotlib 等库，展示在实际问题中如何协同使用不同的库来完成任务。

参考代码：

```
import pandas as pd
import matplotlib.pyplot as plt
```

```
# 从 CSV 文件中读取学生考试成绩数据
def read_exam_scores(file_path):
    data=pd.read_csv(file_path)
    return data

# 计算统计信息
def calculate_statistics(data):
    average_score=data['Score'].mean()
    max_score=data['Score'].max()
    min_score=data['Score'].min()
    score_distribution=data['Score'].value_counts().sort_index()
    return average_score,max_score,min_score,score_distribution

# 将分数划分为不同的分数段
def categorize_scores(score):
    if score<60:
        return 'Below 60'
    elif 60 <=score<70:
        return '60-70'
    elif 70 <=score<80:
        return '70-80'
    elif 80 <=score<90:
        return '80-90'
    else:
        return '90-100'

# 生成柱状图
def plot_bar_chart(score_distribution):
    plt.figure(figsize=(8,6))
    plt.bar(score_distribution.index,score_distribution.values,alpha=0.7)
    plt.xlabel('Score Range')
    plt.ylabel('Number of Students')
    plt.title('Score Distribution')
    plt.show()

# 生成饼图
def plot_pie_chart(score_distribution):
    plt.figure(figsize=(8,8))
```

```
    plt.pie(score_distribution.values, labels=score_distribution.index,
autopct='%1.1f%%',startangle=140)
    plt.title('Score Distribution')
    plt.show()

# 主函数
if __name__=="__main__":
    file_path='student_scores.csv'  # 考试成绩数据保存在student_scores.csv 文件中
    data=read_exam_scores(file_path)
    average_score,max_score,min_score,score_distribution=calculate_statistics
(data)

    print(f'Average Score:{average_score:.2f}')
    print(f'Max Score:{max_score}')
    print(f'Min Score:{min_score}')

    # 将分数划分为不同的分数段并统计各分数段人数
    data['Score Category']=data['Score'].apply(categorize_scores)
    score_distribution=data['Score Category'].value_counts().sort_index()

    plot_bar_chart(score_distribution)
    plot_pie_chart(score_distribution)
```

代码分析：

（1）read_exam_scores(file_path)：从CSV文件中读取学生的考试成绩数据，返回一个Pandas DataFrame对象。

（2）calculate_statistics(data)：接收一个DataFrame对象作为输入，计算学生的平均分、最高分、最低分以及分数段的人数分布，返回这些统计信息。

（3）categorize_scores(score)：将成绩划分为不同的分数段。

（4）plot_bar_chart(score_distribution)：接收一个Series对象，生成柱状图，展示各分数段的人数。

（5）plot_pie_chart(score_distribution)：接收一个Series对象，生成饼图，显示各个分数段的占比。

（6）主函数部分首先调用read_exam_scores读取数据，然后调用categorize_scores和calculate_statistics划分分数段并计算统计信息，最后分别调用plot_bar_chart和plot_pie_chart生成柱状图和饼图。

运行结果：

```
Average Score:80.39
Max Score:95
Min Score:6
```

学生成绩分布直方图如图 8-1 所示。

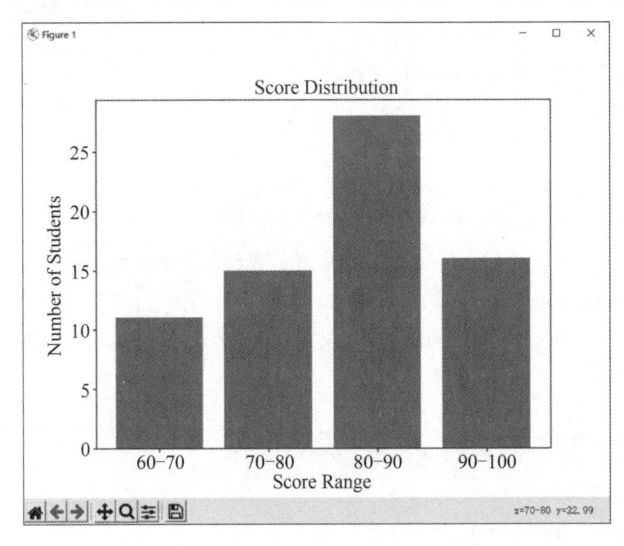

图 8-1　运行结果 1

学生成绩分布饼图如图 8-2 所示。

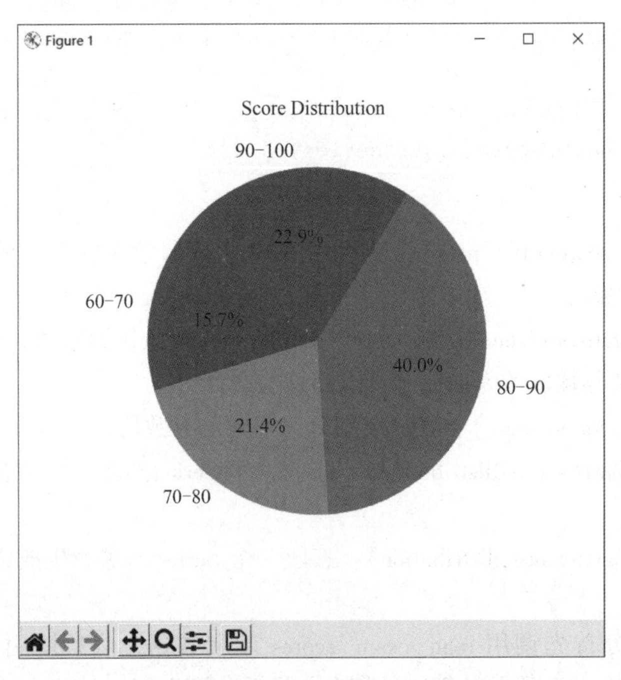

图 8-2　运行结果 2

拓展案例　学生课程成绩趋势分析

本任务要求分析一个班级的学生在四个学期中三门课程（数学、英语、Python）的成绩趋势。通过整合不同学期的成绩数据，计算每个学生的平均成绩和标准差，并使用 Matplotlib 绘制出某个学生三门课程成绩随学期的变化趋势图，以帮助教师和学生更好地理解学习情况，并识别学习进步情况，以及可能存在的问题。

案例分析：

（1）加载并整合四个学期的成绩数据。由于每个学期的数据都存储在单独的 CSV 文件中，需要使用 Python 的 Pandas 库来读取和合并这些文件。合并后，将得到一个包含所有学生所有学期成绩的数据框架。

（2）计算每个学生的平均成绩和标准差。通过对数据框架进行分组和聚合操作来实现。

（3）将使用 Matplotlib 库绘制某个学生的成绩变化趋势图。此步骤涉及创建一个图形对象，为学生绘制一条折线图，并添加必要的标签和标题。

参考代码：

```
import pandas as pd
import numpy as np
import matplotlib.pyplot as plt

# 模拟生成多个 CSV 文件，每个文件代表一个学期的成绩记录
# 这里假设每个 CSV 文件的列包括学生 ID、课程名称、成绩等字段
# 实际情况中，数据应从真实文件中读取
data_frames=[]
for semester in range(1,4):
    filename=f"semester_{semester}_grades.csv"
    df=pd.DataFrame({
        'StudentID':np.random.randint(1,101,50),
        'Course':np.random.choice(['Math','English','History'],50),
        'Grade':np.random.randint(60,100,50)
    })
    df.to_csv(filename,index=False)
    data_frames.append(df)

# 数据整合
merged_data=pd.concat(data_frames)

# 计算每个学生的平均成绩和标准差
student_statistics=merged_data.groupby('StudentID')['Grade'].agg(['mean',
'std']).reset_index()

# 可视化趋势分析
plt.figure(figsize=(10,6))
for student_id in student_statistics['StudentID']:
    student_data=merged_data[merged_data['StudentID']==student_id]
```

```
        plt.plot(student_data['Course'],student_data['Grade'],label=f'Student
{student_id}')

    plt.title('Student Course Grades Over Semesters')
    plt.xlabel('Course')
    plt.ylabel('Grade')
    plt.legend()
    plt.show()
```

代码分析：

（1）开始处理数据之前，需要先导入 Pandas、NumPy、Matplotlib 库。这些库将帮助我们读取、处理和可视化数据。

（2）使用 Pandas 的 read_csv 函数来读取四个学期的成绩数据。每个学期的数据都存储在名为 semester_1_grades. csv、semester_2_grades. csv、semester_3_grades. csv 和 semester_4_grades. csv 的文件中。

（3）使用 Pandas 的 concat 函数将四个学期的数据框架合并成一个。

（4）按照 StudentID 对成绩进行分组，并计算每个学生在三门课程上的平均成绩和标准差。

（5）使用 Matplotlib 绘制某个学生的成绩变化趋势图。为该学生创建一个子图，并在子图中绘制四个学期中三门课程的成绩变化。

运行结果：

程序运行结果如图 8-3 所示。

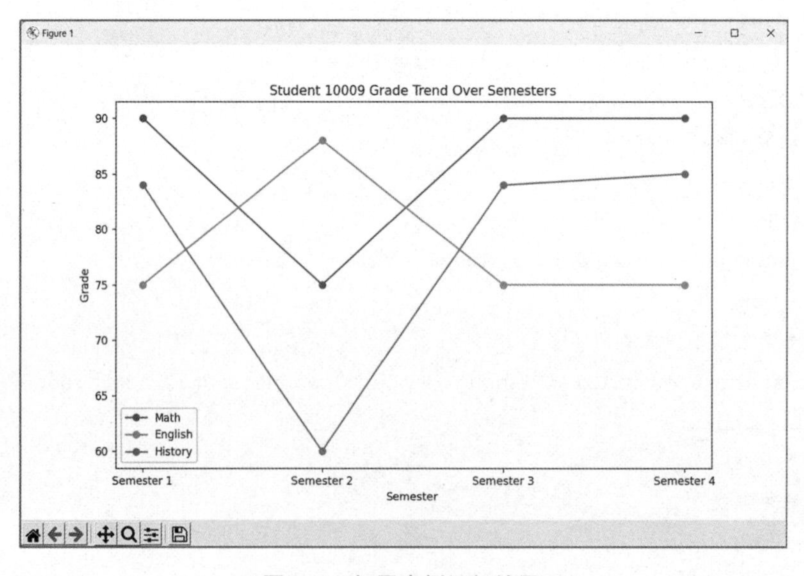

图 8-3　拓展案例运行结果

此案例将学生多个学期的成绩数据整合到一个数据框架中。计算每个学生的平均成绩和标准差，并使用 Matplotlib 绘制了某个学生在不同学期中的成绩变化趋势。运行结果中显示了 StudentID 为 10009 的学生的四个学期成绩变化趋势。

任务总结

本任务实现了对学生期末考试成绩的统计分析，通过 Pandas 库，高效地加载、分析了成绩数据，包括计算平均分、最高分、最低分。通过 Matplotlib 库，绘制了成绩分布的直方图或箱线图，直观地展示了学生成绩的分布情况，可以为教学评估提供有力的数据支持。

任务评价

- NumPy、Pandas 和 Matplotlib 的组合是 Python 中数据分析和可视化的黄金搭档，能够高效地完成数据处理和任务展示。
- 通过对数据进行整理、分组和统计，能够生成各种表格和图表，有效地展示数据的特征和趋势，为进一步的决策和分析提供了重要参考依据。

课后习题

一、选择题

1. NumPy 库主要用于处理（　　）类型的数据。

A. 文本数据　　B. 图像数据　　C. 数字数组　　D. 网络数据

2. Pandas 库是基于（　　）库构建的。

A. NumPy　　B. Matplotlib　　C. SciPy　　D. os

3. Matplotlib 库主要用于（　　）。

A. 数据分析　　B. 数据可视化　　C. 数据存储　　D. 数据加密

4. 在 NumPy 中，用于创建数组的函数是（　　）。

A. array( )　　B. list( )　　C. dict( )　　D. set( )

5. Pandas 库中，用于读取 CSV 文件的函数是（　　）。

A. read_array( )　　B. read_csv( )　　C. read_data( )　　D. load_csv( )

二、思考题

1. 讨论 NumPy 库在科学计算中的重要性，并举例说明其常用功能。

2. 解释 Pandas 库如何简化数据分析过程，并讨论其主要优势。

3. 描述 Matplotlib 库在数据可视化中的作用，并讨论为什么数据可视化对于数据分析很重要。

三、实践题

1. 使用 NumPy 库创建一个包含 1 000 个随机整数的数组，并计算其平均值。

2. 使用 Pandas 库读取一个 CSV 文件，并展示其前 5 行数据。

3. 编写一个 Python 程序，使用 Pandas 库对一个 DataFrame 进行排序，并计算某列的总和。

4. 使用 Matplotlib 库绘制一个简单的折线图，展示一年中每个月的温度变化。

5. 利用 Pandas 和 Matplotlib 库分析一个包含时间序列数据的 CSV 文件，并绘制相应的图表。

任务九

小鱼逃生（Fishy Escape）

任务目标

知识目标：

➢ 理解 Pygame 库的基本功能和优势

➢ 掌握 Pygame 库中游戏开发的基本流程和 API 调用方法

技能目标：

➢ 能够利用 Pygame 库开发简单的游戏

➢ 能够处理游戏中的图形绘制、事件响应和碰撞检测等基本游戏逻辑

素养目标：

➢ 提升对程序逻辑和用户体验的理解与把握

➢ 能够通过实践提高解决问题的创造性和动手能力

➢ 能够通过查阅官方文档、社区论坛或搜索引擎等渠道解决问题

任务分析

使用 Pygame 库创建一个简单的游戏场景，玩家控制一条小鱼在海洋中游动，避开敌人，敌人是一群大鱼。游戏一开始，小鱼会处于游戏窗口的中央，敌人会随机生成并向小鱼移动。如果小鱼和敌人碰撞，则游戏结束。玩家可以使用鼠标控制小鱼的移动方向。

知识储备

9.1 Pygame 库

Pygame 是一个用于开发 2D 游戏的 Python 库，它提供了丰富的游戏开发功能和工具。Pygame 提供了处理图像、声音、输入设备等方面的功能，是开发简单游戏的理想工具。Pygame 简化了游戏开发的复杂性，使开发者能够专注于游戏逻辑和交互体验的实现。通过

Pygame，可以轻松创建各种有趣的游戏。

9.1.1 Pygame 的优势

跨平台性：支持 Windows、Linux 和 macOS 等主流操作系统。

简单易学：适合初学者入门，提供了丰富的文档和示例。

功能完善：包含图形绘制、事件处理、声音等模块。

9.1.2 Pygame 生态

Pygame 不仅提供基础的游戏开发功能，还有许多相关的扩展模块和工具，如 PyOpenGL、Pygame_gui 等。

9.2 安装 Pygame

9.2.1 使用 pip 安装

在开始使用 Pygame 之前，首先需要通过 pip 安装库。在命令行中执行 pip install pygame 命令。

9.2.2 验证安装

安装完成后，可以编写一个简单的 Pygame 程序，确保安装正确。示例代码如下：

```
import pygame
pygame.init()
# Pygame 代码
pygame.quit()
```

以下是一个简单的 Pygame 示例：

```
import pygame
pygame.init()

# 设置窗口尺寸
win=pygame.display.set_mode((800,600))

# 游戏主循环
running=True
while running:
    for event in pygame.event.get():
        if event.type==pygame.QUIT:
```

```
            running=False

    #渲染游戏画面
    win.fill((255,255,255))  #设置背景颜色为白色
    pygame.display.flip()

#退出游戏
pygame.quit()
```

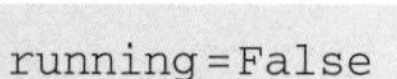

案例分析：

（1）使用 Pygame 库来创建游戏窗口并处理游戏的逻辑。游戏的主要部分包括小鱼的移动、敌人大鱼的生成和移动，以及碰撞检测。

（2）创建游戏窗口，设置窗口的尺寸，加载背景图片和游戏使用的小鱼图像。

（3）定义小鱼的初始位置和移动速度。

（4）创建敌人列表，并定义创建敌人的函数。

（5）在游戏循环中，处理事件并获取鼠标位置，根据鼠标位置计算小鱼移动，更新小鱼位置。

（6）更新敌人大鱼的位置，并检测小鱼和敌人大鱼是否发生碰撞。

（7）渲染背景图、小鱼和敌人大鱼图像。

（8）更新游戏窗口并继续下一次循环。

参考代码：

```
importpygame
import random
import math

pygame.init()

win_width=1500
win_height=780
win=pygame.display.set_mode((win_width,win_height))
pygame.display.set_caption('小鱼逃生')

bg_image=pygame.image.load('sea.jpg')
fish_image=pygame.image.load('fish.png')
```

```
enemy_image=pygame.image.load('enemy.png')

enemy_width,enemy_height=enemy_image.get_size()
fish_width,fish_height=fish_image.get_size()
fish_x,fish_y=win_width//2,win_height//2

fish_speed=5

enemies=[]
defcreate_enemy():
    enemy_x=random.randint(0,win_width-enemy_width)
    enemy_y=random.randint(0,win_height-enemy_height)
    enemy_speed=random.uniform(0.5,1.5)
    enemy_angle = random.uniform(0, 2 * math.pi)  #随机方向

    return {
        "x":enemy_x,
        'y':enemy_y,
        'speed':enemy_speed,
        'angle':enemy_angle
    }

fori in range(5):
    enemies.append(create_enemy())

defupdate_enemy_position(enemy):
    #更新敌人位置
    enemy['x'] += enemy['speed'] *math.cos(enemy['angle'])
    enemy['y'] += enemy['speed'] *math.sin(enemy['angle'])
#
    #碰撞检测并处理边缘碰撞
    if enemy['x'] < 0 or enemy['x'] >win_width - enemy_width:
        enemy['angle'] =random.uniform(0, 2 * math.pi)  #重新随机方向
    if enemy['y'] < 0 or enemy['y'] >win_height - enemy_height:
        enemy['angle'] =random.uniform(0, 2 * math.pi)  #重新随机方向

running = True
while running:
    for event inpygame.event.get():
```

```
            ifevent.type==pygame.QUIT:
                #pygame.quit()
                running = False

        mouse_x, mouse_y = pygame.mouse.get_pos()
        mouse_x -= fish_width //2
        mouse_y -= fish_height //2

        angle=math.atan2(mouse_y-fish_y,mouse_x-fish_x)
        fish_x+=fish_speed*math.cos(angle)
        fish_y+=fish_speed*math.sin(angle)

        fish_x=max(fish_width//2,min(win_width-fish_width//2,fish_x))
        fish_y = max(fish_height //2, min(win_height - fish_height //2, fish_y))

        for enemy in enemies:
            update_enemy_position(enemy)
            ifmath.sqrt((fish_x - enemy['x']) ** 2 + (fish_y - enemy['y']) ** 2) <
fish_width //2 + fish_height //2:
                print("游戏结束")
                #pygame.quit()
                running = False
                break

    win.blit(bg_image, (0, 0))
    win.blit(fish_image, (mouse_x, mouse_y))

        for enemyin  enemies:
            win.blit(enemy_image,(enemy['x']-enemy_width//2,enemy['y']-enemy_
height//2))

        pygame.display.flip()
```

代码分析：

（1）使用 Pygame 库中的 init()实现初始化。

（2）使用 display. set_mode()方法设置窗口尺寸。

（3）使用 display. set_caption()方法设置窗口标题。

（4）使用 image. load()方法加载大海背景图和小鱼图片。

（5）在游戏主循环中，获取鼠标的位置，计算小鱼的移动方向，并更新鱼的位置。

（6）使用 pygame. blit()方法将背景图和鱼图渲染到窗口中。

（7）使用 display. flip( )更新窗口。

运行结果：

在游戏窗口中，小鱼随鼠标移动而游动，敌人大鱼随机游动，如图 9-1 所示，当小鱼碰到大鱼时，游戏结束，程序退出并输出“游戏结束!”的提示。

图 9-1　运行结果

拓展案例　水果接力赛

设计一个名为“Fruit Catcher”（水果接力赛）的小游戏。玩家将控制一个篮子，在游戏窗口的顶部水平移动，接住从顶部下落的水果。每接住一个水果，玩家得分增加。然而，如果玩家能接住正确的水果（苹果和梨），得分累加；若接住了错误的水果（香蕉），得分将减少。游戏的目标是在有限的时间内获得尽可能高的分数。

案例分析：

（1）玩家通过键盘控制篮子左右移动，接住从顶部下落的水。

（2）游戏中会随机生成不同类型的水果（苹果、梨、香蕉），它们从顶部向下以随机速度下落。

（3）玩家接住苹果或梨时得分增加，接住香蕉时得分减少。

（4）游戏有一个时间限制，玩家需要在规定时间内获得尽可能高的分数。

参考代码：

```
import pygame
import sys
import random
```

```
#初始化 Pygame
pygame.init()

#设置游戏窗口的宽度和高度
win_width,win_height=1200,750
win=pygame.display.set_mode((win_width,win_height))
pygame.display.set_caption("Fruit Catcher")

#加载游戏中使用的图像:篮子和水果
basket_image=pygame.image.load("basket.png")
apple_image=pygame.image.load("apple.png")
pear_image=pygame.image.load("pear.png")
banana_image=pygame.image.load("banana.png")

#获取篮子和水果的图像尺寸
basket_width,basket_height=basket_image.get_size()
fruit_width,fruit_height=apple_image.get_size()

#初始化篮子的位置和移动速度
basket_x=win_width //2-basket_width //2
basket_y=win_height-basket_height-10
basket_speed=6

#定义不同类型水果的列表
fruits=[
    {"image":apple_image,"type":"apple"},
    {"image":pear_image,"type":"pear"},
    {"image":banana_image,"type":"banana"}
]

#初始化得分和剩余时间
score=0
time_remaining=100

font=pygame.font.Font(None,36)  #设置用于显示文本的字体

game_over=False  #标志游戏是否结束

#定义水果类
```

```
class Fruit:
    def __init__(self,image,type):
        #随机生成水果的初始 x 坐标
        self.x=random.randint(0,win_width-fruit_width)
        self.y=-fruit_height  #水果从顶部开始下落
        self.image=image  #水果的图像
        self.type=type  #水果的类型
        self.speed=random.uniform(0.5,1.5)  #随机生成水果下落的速度

    def update(self):
        self.y +=self.speed  #更新水果的纵坐标位置

    def draw(self):
        win.blit(self.image,(self.x,self.y))  #在窗口上绘制水果图像

fruits_list=[]  #创建空列表,用于存储当前下落的水果对象

#游戏主循环
while True:
    for event in pygame.event.get():
        if event.type==pygame.QUIT:
            pygame.quit()
            sys.exit()

    if not game_over:
        #处理玩家的键盘输入来控制篮子的移动
        keys=pygame.key.get_pressed()
        if keys[pygame.K_LEFT]:
            basket_x-=basket_speed
        if keys[pygame.K_RIGHT]:
            basket_x +=basket_speed

        #确保篮子在窗口边界内移动
        basket_x=max(0,min(win_width-basket_width,basket_x))

        #确保水果在窗口边界内移动
        if random.random()<0.02:
            fruit_type=random.choice(fruits)
            fruit=Fruit(fruit_type["image"],fruit_type["type"])
```

```
            fruits_list.append(fruit)

        #更新每个水果的位置
        for fruit in fruits_list:
            fruit.update()

            #检测篮子和水果的碰撞
            if fruit.y+fruit_height >=basket_y and fruit.y+fruit_height <=basket_
y+basket_height \
                    and fruit.x+fruit_width >=basket_x and fruit.x <=basket_x+
basket_width:
                if fruit.type=="banana":
                    score-=2  #如果接住了香蕉,扣除分数
                else:
                    score +=1  #如果接住了苹果或梨,增加分数
                fruits_list.remove(fruit)  #从列表中移除已接住的水果

        #更新剩余时间
        time_remaining-=1 /60

        #时间耗尽时结束游戏
        if time_remaining <=0:
            game_over=True

    #在窗口上绘制游戏元素和文本信息
    win.fill((255,255,255))  #填充白色背景
    win.blit(basket_image,(basket_x,basket_y))  #绘制篮子
    for fruit in fruits_list:
        fruit.draw()  #绘制每个水果的图像

    #绘制得分和剩余时间的文本
    score_text=font.render("Score:"+str(score),True,(0,0,0))
    time_text=font.render("Time:"+str(int(time_remaining)),True,(0,0,0))
    win.blit(score_text,(10,10))
    win.blit(time_text,(win_width-time_text.get_width()-10,10))

    #如果游戏结束,显示游戏结束文本
    if game_over:
        game_over_text=font.render("Game Over",True,(255,0,0))
```

```
        text_x=win_width //2-game_over_text.get_width() //2
        text_y=win_height //2-game_over_text.get_height() //2
        win.blit(game_over_text,(text_x,text_y))

    pygame.display.update()  #更新游戏窗口显示
```

代码分析：

（1）pygame. init( )：初始化 Pygame。

（2）pygame. display. set_mode( )：设置游戏窗口。

（3）pygame. image. load( )：加载篮子和水果的图像。

（4）Fruit 类：表示水果对象，包括初始化位置和下落速度，并提供更新和绘制方法。

（5）列表 fruits= [ ]：定义水果列表。

（6）score=0：初始得分。

（7）time_remaining=100：初始时间。

（8）while 循环：游戏循环，处理事件，控制篮子的移动，生成随机类型的水果，并根据碰撞检测更新得分。

（9）在游戏窗口中绘制篮子、水果以及得分和剩余时间的文本信息。

（10）当时间耗尽时，设定 game_over 标志为真，显示游戏结束信息，并停止更新游戏画面。

运行结果：

游戏开始后，通过键盘方向键左右移动篮子接水果，接到的水果越多，得分越高，如果接到错误水果香蕉，则减分，如图 9-2 所示。

图 9-2　运行结果 1

游戏时间用完后结束游戏，窗口显示游戏最终得分 Scores，游戏时间 Time=0，并提示

“Game Over”，如图 9-3 所示。

图 9-3 运行结果 2

任务总结

本任务使用 Pygame 库实现了一款简单的小游戏——小鱼逃生。游戏中，玩家需要控制小鱼躲避障碍物，尽可能长时间地生存。通过本任务的实践，可以加深对 Pygame 库的理解，了解游戏开发中包括游戏循环、事件处理、图像渲染等基本流程和技能。

任务评价

- 本任务所实现的“小鱼逃生”游戏，逻辑清晰，简单明了，易于上手，能够很好地吸引玩家。
- 通过本任务的实践，加深对游戏逻辑和玩法设计的理解，提升编程能力，同时对游戏开发的整体流程有清晰的认识。
- 在游戏设计和实现中，可以加入自己的想法，从而积累实践经验，锻炼创造性思维。

课后习题

一、选择题

1. Pygame 库主要用于（　　）。

A. 数据分析　　B. 网页开发　　C. 游戏开发　　D. 文本编辑

2. 安装 Pygame 库通常使用（　　）命令。

A. install pygame　　B. setup pygame

C. import pygame　　D. pip install pygame

3. Pygame 库提供了（　　）功能。

A. 数据库操作

B. 网页爬虫

C. 图像处理

D. 游戏开发所需的图形显示、声音播放等

4. 下列（　　）不是 Pygame 库支持的游戏组件。

A. 精灵（Sprite）　　B. 游戏循环

C. 数据库　　D. 事件处理

5. Pygame 库是否支持跨平台？（　　）

A. 是　　B. 否

C. 仅支持 Windows　　D. 仅支持 Linux

6. 在 Pygame 中，（　　）函数用于创建游戏窗口。

A. pygame. init( )　　B. pygame. display. set_mode( )

C. pygame. display. update( )　　D. pygame. screen. set( )

二、思考题

1. 描述 Pygame 库的安装过程，并讨论可能遇到的问题及其解决方案。

2. 思考为什么 Pygame 库适合初学者学习游戏开发。

三、实践题

1. 安装 Pygame 库，并编写一个 Python 程序，创建一个基本的游戏窗口。

2. 使用 Pygame 库编写一个简单的动画，使一个图像在窗口中左右移动。

任务十

党的二十大报告关键词词云图

任务目标

知识目标：

- 理解中文分词工具 jieba 的基本原理和使用方法
- 掌握词云生成工具 WordCloud 库的基本操作

技能目标：

- 能够利用 jieba 进行文本分词和处理中文文本数据
- 能够使用 WordCloud 库生成并美化关键词词云图

素养目标：

- 具备文本数据的敏感性和分析能力，能够从大量文本中提取关键信息
- 提升信息可视化能力，通过图形化手段更好地传达信息
- 增强创新思维和审美能力，在词云图制作过程中注重美观和创意
- 能够通过查阅官方文档、社区论坛或搜索引擎等渠道解决问题

任务分析

党的二十大报告是中国共产党第二十次全国代表大会的重要文件，其中包含了丰富的政治理念、政策方向和发展目标。为了解报告中各个关键词的重要性和强调程度，为进一步研究党的二十大报告提供数据支持，在任务四的拓展案例中，对党的二十大报告中的关键词进行了出现频率统计。在本任务中，将会使用 WordCloud 库将结果用词云呈现，更直观地展示报告中的重要关键词。

知识储备

10.1 中文分词工具 jieba

jieba 是一个强大的中文分词工具，它能够将中文文本切分成词语，为自然语言处理提供了基础支持。jieba 支持多种分词模式，可以根据需求选择合适的模式进行分词。以下是一个简单的 jieba 示例：

```
import jieba

#使用精确模式分词
text="我喜欢学习 Python 编程"
words=jieba.cut(text,cut_all=False)
print("精确模式分词结果:","/".join(words))
```

10.2 词云——WordCloud 库

WordCloud 是一个用于生成词云图的库，它可以根据文本中词语的频率生成美观的词云。通过 WordCloud，可以将文本中的关键词可视化展现，从而更直观地了解文本的主题和重点。以下是一个简单的 WordCloud 示例：

```
from wordcloud import WordCloud
import matplotlib.pyplot as plt

#生成词云
text="Python 是一门强大的编程语言,被广泛用于数据分析、人工智能等领域。"
wordcloud = WordCloud(width = 800, height = 400, background_color = 'white')
.generate(text)

#显示词云图
plt.figure(figsize=(10,5))
plt.imshow(wordcloud,interpolation='bilinear')
plt.axis('off')
plt.show()
```

任务实现

在任务四的拓展案例中，实现了阶段一的功能：统计党的二十大报告关键词出现频率，并以文本形式展示。本任务是实现阶段二部分：将党的二十大报告关键词出现频率统计结果以词云方式展示。

案例分析：

（1）使用 jieba 分词库和 WordCloud 库来处理文本数据，并通过词云图形象地显示文本中的关键词信息。

（2）已知数据是文本文件，需要使用文件知识点读取文件内容。

（3）结果中要过滤停用词，过滤掉其中的常见停用词和单字词，保留有效的关键词。

（4）统计关键词出现频率，并根据频率进行降序排列。

（5）使用 WordCloud 库生成词云图。

（6）使用 Matplotlib 库显示生成的词云图像。

参考代码：

```
import jieba
from wordcloud import WordCloud
import matplotlib.pyplot as plt
from imageio import imread

# 党的二十大报告的文本内容保存在 report_20.txt 中
with open('report_20.txt','r',encoding='utf-8') as f:
    report_text=f.read()

# 分词处理
word_list=jieba.lcut(report_text)

# 自定义停用词列表(根据实际需要扩展)
stop_words=['的','了','和','与','在','是','等','也','我们','他们']

# 过滤掉停用词和单字词
filtered_words=[word for word in word_list if len(word)>1 and word not in stop_
words]

# 统计关键词出现频率
keyword_counts={}
for word in filtered_words:
    if word in keyword_counts:
        keyword_counts[word] +=1
    else:
        keyword_counts[word]=1

# 对关键词出现频率进行排序
sorted_kw_counts=sorted(keyword_counts.items(),key=lambda x:x[1],reverse=
True)

# 输出排名前 15 的关键词及其出现次数
print("排名前 15 的关键词及其出现次数:")
```

```
for i in range(15):
    print(f"{sorted_kw_counts[i][0]}:{sorted_kw_counts[i][1]}")

bg_pic=imread('chinamap.jpg')
#生成词云图
wordcloud=WordCloud(
    width=500,height=350,
    background_color='white',
    font_path='msyh.ttc',
    mask=bg_pic,
    max_words=500
).generate_from_frequencies(keyword_counts)

#输出关键字列表
key_words=[kw[0] for kw in sorted_kw_counts[:15]]
print("关键字列表:",key_words)

#显示词云图
plt.figure(figsize=(10,6))
plt.imshow(wordcloud,interpolation='bilinear')
plt.axis("off")
plt.show()
```

代码分析：

（1）数据准备：使用 with open( ) 语句读取存储在 report_20. txt 文件中的党的二十大报告文本内容。

（2）分词处理：调用 jieba 库的 lcut( ) 方法对文本进行分词处理，并将结果保存在 word_list 中。

（3）过滤停用词：定义 stop_words 列表，过滤掉其中的常见停用词和单字词，保留有效的关键词。

（4）统计关键词出现频率：利用 Python 的字典记录关键词的出现次数，并且保留大于一个字符的词语。

（5）生成词云：使用 WordCloud 库生成词云图，设置词云图的宽度、高度和背景颜色，并根据关键词出现频率生成词云图像。

（6）显示词云图：利用 Matplotlib 库显示生成的词云图像。

运行结果：

程序运行结果有两部分，文本形式效果如图 10-1 所示。

```
Building prefix dict from the default dictionary ...
Loading model from cache C:\Users\GUOJING\AppData\Local\Temp\jieba.cache
Loading model cost 0.856 seconds.
Prefix dict has been built successfully.
排名前15的关键词及其出现次数:
发展: 218
坚持: 170
建设: 150
人民: 134
中国: 123
社会主义: 114
国家: 109
体系: 109
推进: 107
全面: 101
加强: 92
现代化: 85
制度: 76
完善: 73
安全: 72
```

图 10-1　任务三文本运行效果

词云效果如图 10-2 所示。

图 10-2　词云图运行效果

拓展案例 《西游记》人物出场次数统计词云图

《西游记》是中国古代一部著名的章回体长篇神话小说，被誉为中国古典四大名著之一。小说以师徒四人（唐僧、孙悟空、猪八戒和沙僧）为主要角色，讲述了他们西天取经的故事，如图 10-3 所示。小说的 4 个主要角色中，谁才是故事的男主角？

图 10-3 《西游记》小说主要人物

为了验证主角在故事中的重要性，可以通过 Python 编程统计每个角色的出场次数，并使用词云库（如 WordCloud 库）将结果呈现为词云，这样可以直观地看到各个角色在整个小说中出现的频率，进一步了解到故事中的主角是谁。

案例分析：

案例主要涉及中文文本处理和数据可视化。

（1）读取文本文件并使用 jieba 进行分词，将文本转换为可处理的词语列表。

（2）通过统计每个词语的出现频率，得到词频信息。本案例需要再使用 WordCloud 库生成词云对象，将词频信息转换为图像信息。

（3）通过 Matplotlib 库将生成的词云图显示在窗口中。

参考代码：

```
import wordcloud
import jieba
from imageio import imread
import matplotlib.pyplot as plt

#打开文件并读取内容,用 jieba 进行分词。
```

```
f=open("《西游记》.txt","r",encoding="utf-8")
txt=f.read()

#使用 jieba 分词
words=jieba.lcut(txt)

#统计词语出现的次数
counts={} #定义字典

for word in words:
    if len(word)==1:
        continue
    #人物不同称呼的合并:
    if word=='行者' or word=='大圣' or word=='老孙':
        rword='悟空'
    elif word=='师父' or word=='三藏' or word=='长老' or word=='玄奘':
        rword='唐僧'
    elif word=='悟净' or word=='沙和尚':
        rword='沙僧'
    elif word=="猪八戒" or word=="悟能":
        rword="八戒"
    else:
        rword=word
    #计数
    if rword in counts:
        counts[rword]+=1  #之前出现过,修改次数:value+1
    else:
        counts[rword]=1  #添加新元素,第一次:value:1

#生成词云:
bg_pic=imread('dog.jpg')
wcloud=wordcloud.WordCloud(
    font_path='C:\Windows\Fonts\msyh.ttc',
    background_color="white",
    width=1000,height=860,
    max_words=500,margin=1,
    mask=bg_pic
).fit_words(counts)
wcloud.to_file("result.png")
```

```
#显示词云图
plt.figure(figsize=(10,8))
plt.imshow(wcloud,interpolation='bilinear')
plt.axis('off')
plt.show()
```

代码分析：

（1）文本读取和分词：使用 open 函数读取《西游记》文本文件，然后使用 jieba 库的 jieba.cut()方法进行中文分词，得到分词后的词语列表。

（2）添加排除词词库 excludes，将排在前面的不是人物名称的词语进行了排除，结果保存在 counts 字典中。

（3）生成词云：使用 wordcloud.WordCloud 类创建词云对象，并通过 fit_words()方法传入词频信息，生成词云图像数据。当数据是字符串类型时，可以使用 generate()方法传入数据。

（4）保存词云图片：使用 to_file()方法将词云保存为图片文件。

（5）词云图显示：使用 Matplotlib 库创建一个窗口，将生成的词云图像显示在窗口中。

运行结果：

词云图片保存在了项目目录中，同时，在窗口中展示词云图片，如图 10-4 所示。

图 10-4　拓展案例运行结果

中文分词工具 jieba 提供了强大的中文分词功能，能够有效地处理中文文本，词云库 WordCloud 则提供了灵活的词云生成和美化选项，使生成的词云图具有良好的视觉效果和表现力。本任务利用 jieba 和 WordCloud 库，生成党的二十大报告关键词的词云图，通过任务实践，掌握分词、词频统计和词云图生成等中文文本处理的基本步骤。

任务评价

- 本任务的实践不仅能够生成党的二十大报告的词云图，还能应用于其他文本数据的分析和可视化需求，例如舆情分析、市场调研等。
- 使用 jieba 和 WordCloud 相结合，可以有效解决中文文本关键词提取和可视化的问题，生成的词云图清晰、美观，关键词突出，便于快速捕捉数据的核心内容。

一、选择题

1. jieba 库主要用于（　　）。

A. 机器学习　　B. 网页开发
C. 中文文本分词　　D. 数据可视化

2. 安装 jieba 库通常使用（　　）命令。

A. install jieba　　B. setup jieba
C. import jieba　　D. pip install jieba

3. WordCloud 库主要用于（　　）。

A. 词云生成　　B. 文本翻译
C. 数据库管理　　D. 网页爬虫

4. 下列（　　）不是 jieba 库支持的分词模式。

A. 默认模式　　B. 搜索引擎模式
C. 精确模式　　D. 正则表达式模式

5. 使用 WordCloud 库生成词云时，（　　）参数用于指定词云的形状。

A. font_ path　　B. max_font_size
C. stopwords　　D. mask

6. jieba 库是否支持自定义词典？（　　）

A. 是　　B. 否
C. 仅支持内置词典　　D. 仅支持在线词典

二、思考题

1. 讨论 jieba 库在中文文本处理中的重要性及其应用场景。

2. 思考如何使用 jieba 和 WordCloud 库来分析社交媒体文本数据。

三、实践题

1. 安装 jieba 库，并编写一个 Python 程序，对一段中文文本进行分词。

2. 编写一个 Python 程序，使用 jieba 库对用户输入的中文文本进行分词，并将结果保存到文件中。

3. 使用 WordCloud 库编写一个 Python 程序，根据提供的文本数据生成词云图像。

任务十一

手写数字识别

任务目标

知识目标：

➢ 理解机器学习的基本概念和监督学习算法

➢ 理解使用逻辑回归处理多类别分类问题的方法

➢ 理解卷积神经网络（CNN）的基本原理和应用场景

➢ 熟悉 TensorFlow 和 Keras 库用于构建与训练深度学习模型的方法

技能目标：

➢ 能够利用 scikit-learn 库进行基于逻辑回归的手写数字分类

➢ 能够使用 TensorFlow 和 Keras 构建简单的卷积神经网络模型进行手写数字识别

➢ 能够理解和调整模型结构、优化器和超参数，提高模型性能

素养目标：

➢ 具备创新思维和问题解决能力，能够提出复杂问题的有效解决方案

➢ 提升编程能力和算法设计能力，能够独立完成机器学习模型的构建和训练

➢ 能够通过查阅官方文档、社区论坛或搜索引擎等渠道解决问题

➢ 具备新技术的学习能力，关注不同领域的最新发展动态

任务分析

手写数字识别是机器学习和深度学习中的经典问题之一，其应用涵盖了图像识别、自然语言处理等多个领域。MNIST 数据集包含了大量的手写数字图像，每个图像是一个灰度图像，大小为 28 像素×28 像素。利用这些图像的像素值作为特征，通过逻辑回归模型来预测每张图像所代表的数字。本案例旨在展示如何使用逻辑回归模型对手写数字数据集（MNIST 数据集的一个子集）进行分类，并评估模型在测试集上的准确率。

知识储备

11.1 机器学习基础

机器学习是人工智能领域的关键技术，是一种让计算机从数据中学习并改进性能的技术，它允许计算机系统从数据中学习并进行智能决策。本任务将介绍基本的机器学习概念和算法，介绍监督学习、无监督学习以及常用的机器学习算法，并学会如何使用 Python 库来构建和训练这些模型。

机器学习分为监督学习和无监督学习两大类。在监督学习中，模型通过带有标签的训练数据进行学习，以便对新数据进行预测或分类。而在无监督学习中，模型使用没有标签的数据，发现数据中的模式或结构。

11.2 监督学习算法

监督学习是最常见的机器学习类型，它包括以下几种基本算法。

➢ 线性回归（Linear Regression）：用于处理回归问题，预测一个连续值，比如房价预测。

➢ 决策树（Decision Trees）：用于分类和回归任务，通过树状图的结构进行决策。

➢ 支持向量机（Support Vector Machines）：用于分类和回归问题，特别适用于高维空间。

➢ 朴素贝叶斯（Naive Bayes）：用于分类问题，基于贝叶斯定理和特征之间的独立性假设。

11.3 无监督学习算法

无监督学习主要用于处理无标签数据，包括以下几种基本算法。

➢ 聚类（Clustering）：将数据划分为不同的组，每组内的数据点彼此相似。

➢ 主成分分析（Principal Component Analysis，PCA）：用于降维，减少数据的维度。

➢ 关联规则学习（Association Rule Learning）：用于发现数据中的有趣关联关系。

11.4 MNIST 数据集与逻辑回归

11.4.1 MNIST 数据集

MNIST 是一个包含了大量手写数字图像的数据集，由 Yann LeCun 等人创建，用于机器学习算法的测试和验证。数据集包括 60 000 个训练样本和 10 000 个测试样本，每个样本是一个 28 像素×28 像素的灰度图像，表示 0~9 中的一个数字。

11.4.2 逻辑回归

逻辑回归是一种经典的分类算法，虽然名字中带有“回归”，但实际上它是一种用于二分类问题的线性模型。在多分类问题中，逻辑回归可以通过一对多（One-vs-Rest，OvR）策略进行扩展。

11.4.3 scikit-learn 库

scikit-learn 是一个强大的机器学习库，提供了大量的算法、数据集和工具，使机器学习任务的实现变得简单而高效。在本案例中，我们使用了 scikit-learn 库来加载数据集、创建模型、训练模型和评估模型。

11.5 卷积神经网络（CNN）

11.5.1 CNN 概述

CNN 是一种专门用于处理图像数据的深度学习模型。它通过卷积层、池化层和全连接层来提取和学习图像中的特征，并进行分类或识别任务。在手写数字识别中，卷积层可以有效地捕捉图像的空间结构信息，从而提高模型的性能。

CNN 在手写数字识别中的应用：卷积层可以有效地捕捉图像的空间结构信息，如边缘、角点等。池化层用于减少数据的维度和防止过拟合。全连接层用于对提取的特征进行分类。

11.5.2 TensorFlow 和 Keras

TensorFlow 是一个广泛使用的开源深度学习库，Keras 则是其高级神经网络 API，用于快速构建和训练深度学习模型。在本案例中，将使用 TensorFlow 和 Keras 来构建、训练和评估手写数字识别模型。

Keras 是 TensorFlow 的高级神经网络 API，提供简洁易用的接口，用于快速构建和训练深度学习模型。

任务实现

案例分析：

（1）使用 scikit-learn 库中的 LogisticRegression 模型，对手写数字数据集进行训练和测试，以预测手写数字图像的标签，并评估模型在测试集上的准确率。

（2）将数据集切分为训练集和测试集，确保每次切分结果的一致性。

（3）选择逻辑回归作为分类器，它是一个简单但有效的分类算法。使用训练集对模型进行训练。

（4）使用测试集对模型进行评估，并计算模型在测试集上的准确率。

参考代码：

```
from sklearn.datasets import load_digits
from sklearn.model_selection import train_test_split
from sklearn.linear_model import LogisticRegression
from sklearn.metrics import accuracy_score

# 加载手写数字数据集
digits=load_digits()

# 特征和标签
X=digits.data
y=digits.target

# 数据切分为训练集和测试集
X_train,X_test,y_train,y_test = train_test_split(X,y,test_size = 0.2,random_
state=42)

# 创建逻辑回归模型
model=LogisticRegression(max_iter=10000)

# 训练模型
model.fit(X_train,y_train)

# 在测试集上进行预测
predictions=model.predict(X_test)

# 计算准确率
accuracy=accuracy_score(y_test,predictions)
print('准确率:',accuracy)
```

代码分析：

（1）load_digits()函数：从 scikit-learn 库中加载手写数字数据集。这个数据集包含了 8 像素×8 像素的手写数字图像，每个数字用一个 64 维的特征向量表示。

（2）digits. dat：包含图像的特征向量，digits. target：包含对应的标签（即图像表示的数字）。

（3）train_test_split()函数：将数据集切分为训练集和测试集。test_size = 0. 2 表示测试集占总数据的 20%，random_state = 42 确保每次切分结果的一致性。

（4）创建 LogisticRegression 对象，并设置 max_iter = 10000 来确保算法有足够的迭代次数来收敛。使用 fit()方法训练模型。

（5）在测试集 X_test 上使用 predict( ) 方法进行预测。使用 accuracy_score( ) 函数计算模型在测试集上的准确率。

运行结果：

程序运行结果如图 11-1 所示。

准确率：0.9722222222222222

图 11-1　任务四运行结果

拓展案例　手写数字识别模型的构建与训练

手写数字识别是计算机视觉中的经典问题之一，MNIST 数据集包含了大量的手写数字图像，每个图像是一个 28 像素×28 像素的灰度图像，标签为 0~9 之间的一个数字。本案例使用卷积神经网络（CNN）来构建和训练一个手写数字识别模型，以识别 MNIST 数据集中的数字图像。通过对训练过程的可视化，展示了模型在训练集和验证集上的准确率与损失值的变化情况，并最终评估了模型在测试集上的性能。案例中，使用 TensorFlow 和 Keras 来构建一个 CNN 模型，通过多层卷积层和全连接层，从图像中提取特征并进行分类。

案例分析：

（1）数据准备：下载并加载 MNIST 数据集，分为训练集和测试集。对数据进行预处理，包括归一化处理和调整数据维度，以适应模型输入。

（2）模型构建：使用 Keras 构建一个卷积神经网络模型，包括卷积层、池化层和全连接层。编译模型，指定优化器、损失函数和评估指标。

（3）模型训练：将训练数据输入模型进行训练，通过多个 epoch 迭代优化模型参数。

（4）模型评估：使用测试集评估模型在未见过的数据上的准确率。可视化训练过程中的准确率和损失值变化。

（5）结果分析：分析模型在测试集上的表现，理解模型的准确率和损失值。可视化训练过程的曲线，观察模型的收敛情况和是否出现过拟合。

参考代码：

```
# 导入所需的库
import tensorflow as tf
from tensorflow.keras import layers,models,datasets
import matplotlib.pyplot as plt

# 加载 MNIST 数据集(包括训练集和测试集)
(train_images,train_labels),(test_images,test_labels)=datasets.mnist.load_
data()

# 数据预处理:将像素值缩放到 0~1 之间,并将数据集的维度调整为适合 CNN 的形状
train_images=train_images.reshape((60000,28,28,1)) /255.0
```

```
test_images=test_images.reshape((10000,28,28,1)) /255.0

# 构建 CNN 模型
model=models.Sequential([
    layers.Conv2D(32,(3,3),activation='relu',input_shape=(28,28,1)),
    layers.MaxPooling2D((2,2)),
    layers.Conv2D(64,(3,3),activation='relu'),
    layers.MaxPooling2D((2,2)),
    layers.Conv2D(64,(3,3),activation='relu'),
    layers.Flatten(),
    layers.Dense(64,activation='relu'),
    layers.Dense(10,activation='softmax')
])

# 编译模型
model.compile(optimizer='adam',
              loss='sparse_categorical_crossentropy',
              metrics=['accuracy'])

# 训练模型
history=model.fit(train_images,train_labels,epochs=5,batch_size=64,
                  validation_data=(test_images,test_labels))

# 评估模型
test_loss,test_acc=model.evaluate(test_images,test_labels)
print(f'Test accuracy:{test_acc}')

# 可视化训练过程中的准确率和损失值变化
plt.figure(figsize=(10,4))
plt.subplot(1,2,1)
plt.plot(history.history['accuracy'],label='Training Accuracy')
plt.plot(history.history['val_accuracy'],label='Validation Accuracy')
plt.xlabel('Epoch')
plt.ylabel('Accuracy')
plt.legend()

plt.subplot(1,2,2)
plt.plot(history.history['loss'],label='Training Loss')
plt.plot(history.history['val_loss'],label='Validation Loss')
plt.xlabel('Epoch')
```

```
plt.ylabel('Loss')
plt.legend()

plt.tight_layout()
plt.show()

# 使用模型进行预测
predictions=model.predict(test_images)
```

代码分析：

（1）reshape((60000,28,28,1))：将训练集图像数据 reshape 为四维张量，其中，60 000 表示样本数，28×28 表示图像尺寸，1 表示通道数（灰度图像）。

（2）Sequential()：构建顺序模型，用于堆叠神经网络层。

（3）model. compile()：编译模型，配置模型的训练参数，其中，optimizer='adam' 参数表示使用 Adam 优化器，用于调整模型的权重以最小化损失函数。loss='sparse_categorical_crossentropy' 参数是损失函数，适用于多分类问题，标签为整数。metrics=['accuracy'] 参数用于评估指标，衡量模型在训练和测试期间的性能。

（4）model. fit()：在训练数据上训练模型，并在验证集上验证，其中，validation_data=(test_images，test_labels）是验证集，用于在训练过程中评估模型的表现。

（5）model. predict(test_images)：对测试集图像进行预测，得到预测结果。

（6）model. evaluate(test_images,test_labels)：计算模型在测试集上的损失值和评估指标（这里是准确率）。

运行结果：

程序运行结果训练 5 个 epoch 后，模型在测试集上的准确率约为 99. 1%，如图 11-2 所示。这表明模型能够很好地泛化到未见过的数据。图 11-3 左图显示训练准确率和验证准确率随 epoch 的变化，表明模型在训练过程中逐渐学习到更好的表示。图 11-3 右图展示训练损失和验证损失随 epoch 的变化，表明模型在训练过程中逐渐降低了损失值，说明模型在训练过程中逐渐优化。

```
Downloading data from https://storage.googleapis.com/tensorflow/tf-keras-datasets/mnist.npz
11490434/11490434 [==============================] - 2s 0us/step
2024-06-24 10:56:08.377852: I tensorflow/core/platform/cpu_feature_guard.cc:182] This TensorFlow binary is optimized to use available CPU
 instructions in performance-critical operations.
To enable the following instructions: SSE SSE2 SSE3 SSE4.1 SSE4.2 AVX AVX2 FMA, in other operations, rebuild TensorFlow with the appropriate compiler
 flags.
Epoch 1/5
938/938 [==============================] - 20s 21ms/step - loss: 0.1806 - accuracy: 0.9437 - val_loss: 0.0506 - val_accuracy: 0.9836
Epoch 2/5
938/938 [==============================] - 19s 20ms/step - loss: 0.0517 - accuracy: 0.9842 - val_loss: 0.0301 - val_accuracy: 0.9901
Epoch 3/5
938/938 [==============================] - 18s 20ms/step - loss: 0.0364 - accuracy: 0.9888 - val_loss: 0.0299 - val_accuracy: 0.9896
Epoch 4/5
938/938 [==============================] - 18s 20ms/step - loss: 0.0279 - accuracy: 0.9909 - val_loss: 0.0301 - val_accuracy: 0.9901
Epoch 5/5
938/938 [==============================] - 18s 20ms/step - loss: 0.0221 - accuracy: 0.9927 - val_loss: 0.0275 - val_accuracy: 0.9913
313/313 [==============================] - 1s 3ms/step - loss: 0.0275 - accuracy: 0.9913
Test accuracy: 0.9912999868392944
```

图 11-2　拓展案例运行效果 1

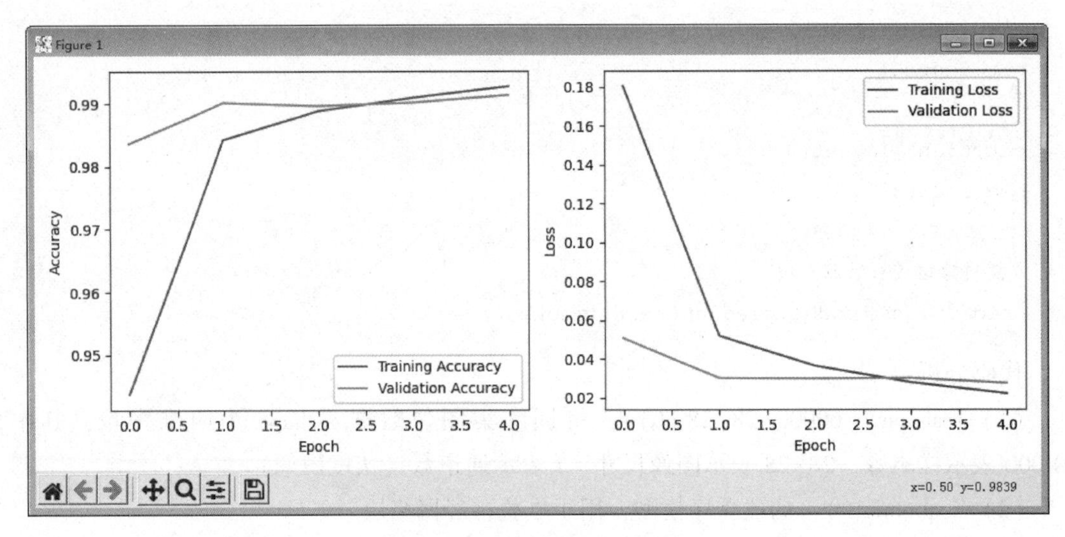

图 11-3　拓展案例运行效果 2

任务总结

本任务通过构建和训练逻辑回归模型和卷积神经网络模型，实现了对手写数字的识别。通过本任务的学习，不仅可以掌握机器学习的基础知识，还可以理解如何运用 scikit-learn 和 TensorFlow/Keras 等框架进行模型构建和训练。

任务评价

- 通过本任务的学习，可以掌握机器学习的基本算法（如逻辑回归）、深度学习的基础概念（如 CNN），以及 TensorFlow 和 Keras 的使用方法。
- 通过本任务的学习，能够实现基于 scikit-learn 和 TensorFlow/Keras 的手写数字分类模型，提升了机器学习和深度学习模型设计和实现能力。
- 通过实现数字识别模型，读者不仅提升了对图像识别技术的理解，还加深了对算法选择和调优的实际经验。
- 激发学生对新技术的学习热情，不断关注不同领域的最新发展。

课后习题

一、选择题

1. 机器学习中的监督学习算法主要解决（　　）问题。

A. 数据分类　　B. 数据聚类　　C. 数据清洗　　D. 数据排序

2. 下列（　　）是无监督学习算法的典型应用。

A. 线性回归　　B. 逻辑回归

C. K-means 聚类　　D. 支持向量机

3. MNIST 数据集主要用于（　　）任务。

A. 图像分类　　B. 语音识别　　C. 情感分析　　D. 网页爬虫

4. 逻辑回归主要用于解决（　　）问题。

A. 连续值预测　　B. 分类　　C. 聚类　　D. 排序

5. 卷积神经网络（CNN）通常用于处理（　　）类型的数据。

A. 文本数据　　B. 图像数据　　C. 音频数据　　D. 时间序列数据

6. 在机器学习中，训练数据集用于（　　）目的。

A. 测试模型性能　　B. 验证模型泛化能力

C. 训练模型参数　　D. 选择特征

二、思考题

1. 讨论机器学习在不同领域（如医疗、金融、教育等）的应用及其潜在影响。

2. 解释监督学习算法和无监督学习算法的区别，并给出各自的应用实例。

3. 描述卷积神经网络在图像识别任务中的作用及其工作原理。

4. 思考如何评估机器学习模型的性能，并讨论不同评估指标的含义。

三、实践题

1. 使用 Python 实现一个简单的线性回归模型，并用它来预测一组数据。

2. 编写一个 Python 程序，使用 K-means 算法对一组数据进行聚类分析。

3. 使用 MNIST 数据集训练一个逻辑回归模型，并对新的手写数字图像进行分类。

4. 利用 Python 和卷积神经网络实现一个简单的图像分类任务。

5. 编写一个 Python 程序，使用无监督学习算法对新闻文章进行主题聚类。

任务十二

豆瓣读书Top250爬虫

任务目标

知识目标：

➢ 理解网络爬虫的基本工作原理和合法性问题

➢ 掌握使用 requests 库发送 HTTP 请求和获取网页内容的方法

➢ 熟悉 XPath、lxml 以及 BeautifulSoup 等数据解析技术

技能目标：

➢ 能够编写 Python 程序，利用 requests 库抓取网页数据

➢ 能够使用 BeautifulSoup 或 XPath、lxml 解析库提取目标数据

➢ 能够将爬取到的数据存储到文件或数据库中

素养目标：

➢ 能够通过网络爬虫获取并处理数据，具备数据获取和处理的能力

➢ 加强对网络伦理和法律问题的认识，保证合法合规的获取和使用数据

➢ 能够通过查阅官方文档、社区论坛或搜索引擎等渠道解决问题

任务分析

豆瓣读书 Top250 是根据海量用户的评价和阅读行为统计出的图书排行榜，反映了豆瓣用户对图书的喜好和推荐程度，为读者提供了一个可靠的推荐指南，可以更容易地找到值得阅读的优质图书，拓展阅读领域、发现新作品对读者来说具有很强的借鉴作用。本任务要求编写一个爬虫，目标是从豆瓣读书网站（地址为 https://book. douban. com/ top250）获取豆瓣读书 Top250 书单的图书信息，包括书名、作者、评分等，并将结果保存到文件中。

要完成这个任务，需要使用网络爬虫技术，首先向服务器发起 HTTP 请求，获取豆瓣读书 Top250 的网页源代码，再使用相关技术解析网页源代码，提取所需信息，例如书名、作者、评分等，最后将提取的信息保存在文件中。

12.1 网络爬虫的基本工作原理

12.1.1 什么是网络爬虫

网络爬虫（Web Crawler）又称网络蜘蛛、网络机器人，是一种自动采集数据技术，具有强大的自动提取网页数据的能力。它模拟人类用户在浏览器中访问网页的行为，通过发送 HTTP 请求获取网页内容，并对网页进行解析和数据提取。网络爬虫在互联网搜索引擎、数据采集、内容聚合等领域起着重要作用。按照系统结构和实现技术划分，网络爬虫可以分为 4 种类型，分别是通用网络爬虫、聚焦网络爬虫、增量式网络爬虫、深层网络爬虫。

12.1.2 网络爬虫的基本工作流程

网络爬虫的基本工作流程涉及以下几个步骤。

发送 HTTP 请求：网络爬虫首先根据目标网址构造 HTTP 请求，包括指定请求方法（如 GET 或 POST）、请求头信息（如 User-Agent）和请求参数（如查询字符串或表单数据）。

响应接收：一旦发送了 HTTP 请求，服务器将返回一个 HTTP 响应。网络爬虫接收响应并获取其中的网页内容。

网页解析：网络爬虫将接收到的网页内容解析为可操作的数据结构，如 HTML 文档或 JSON 数据。

数据提取：通过使用解析库（如 BeautifulSoup、lxml、JSON 等）和相关技术（如 XPath、CSS 选择器、正则表达式等），网络爬虫从解析后的文档中提取感兴趣的数据。

数据处理和存储：获取的数据可以进行进一步的处理、清洗和转换，然后存储到数据库、文件或其他目标位置。

遍历链接：网络爬虫可以从当前网页中提取链接，并迭代地访问这些链接，以实现对更多页面的爬取。

12.1.3 网络爬虫合法性探究

在进行网络爬虫开发和使用时，需要考虑以下法律和道德问题。

robots. txt 文件：网站可以通过在根目录下放置 robots. txt 文件来指定对爬虫的访问规则。网络爬虫在访问网站之前，应该尊重 robots. txt 文件中的规定，以避免访问被禁止的页面或频繁访问造成的问题。

网页访问频率限制：为了保护网站的正常运行和防止恶意爬虫的侵扰，网站可能会对爬虫的访问频率进行限制。遵守网站的访问频率限制是爬虫开发者的责任，可以通过合理设置访问间隔、使用代理 IP 或调整爬虫的并发度来减轻对网站的负载。

数据隐私和版权：在进行数据采集时，爬虫开发者应该尊重个人隐私和版权法律。不应该收集敏感个人信息或未经许可的受版权保护的内容。应该遵循数据采集的合法和道德准则，尊重网站所有者和用户的权益。

网络爬虫的合法性：在进行网络爬虫活动时，要确保遵守当地法律和法规。某些网站可能会明确禁止爬虫访问其内容，或者要求事先获得许可。在进行爬虫开发和使用时，要仔细阅读和理解相关法律条款，并获得必要的授权或许可。

12.2 requests 库

requests 库是一个非常强大的 HTTP 客户端库，用于发送 HTTP 请求并获取响应数据，它允许发送 GET、POST、PUT、DELETE 等不同类型的请求，它提供了简洁而直观的 API，使发送 HTTP 请求和处理响应变得非常容易。

在开始使用 requests 库之前，需要在 Python 环境中安装该库，可以使用以下命令通过 pip 安装 requests 库：

```
pip install requests
```

安装完成后，导入 requests 库开始使用，使用 requests 库发送 GET 请求非常简单。以下是示例代码演示了如何发送一个 GET 请求并获取响应：

```
import requests

# 发送 GET 请求
response=requests.get('http://www.ypi.edu.cn/')

# 设置响应内容的编码格式
response.encoding='utf-8'

# 获取响应数据
data=response.text

# 打印响应内容
print(data)
```

其中，requests. get( ) 函数接受一个 URL 作为参数，发送 GET 请求并返回一个 Response 对象。可以通过 response. text 属性获取响应的文本数据，通过 Response 对象的 encoding 属性将编码格式设置为 UTF-8。另外，requests 库允许在发送 GET 请求时传递参数。

除了 GET 请求，requests 库还支持发送 POST 请求，用于向服务器提交数据，以下示例代码演示了发送 POST 请求的过程：

```
import requests

#定义要提交的数据
data={'key1':'value1','key2':'value2'}

#发送 POST 请求
response=requests.post('https://httpbin.org/post',data=data)


#获取响应数据
#print(response.text)
result=response.json()
#打印响应结果
print(result)
```

其中，requests.post()函数接收一个 URL 和一组数据作为参数。数据可以是一个字典，通过 data 参数传递给 POST 请求。使用 response.json()方法可以将响应的 JSON 数据解析为 Python 字典或列表。

在使用 Requests 库发送请求后，可以通过 Response 对象获取响应的各种信息。以下是一些常用的响应属性和方法。

◇ response.status_code：获取响应的状态码。

◇ response.text：获取响应的文本内容。

◇ response.content：获取响应的字节内容。

◇ response.json()：将响应的 JSON 数据解析为 Python 对象。

◇ response.headers：获取响应的头部信息。

12.3 数据解析技术

数据解析技术（Data Parsing）是将一种数据格式转换为另一种可读格式的过程，旨在分析给定数据中各个组成部分之间的关系。它的目的是将原始数据转化为更易于理解、操作和分析的格式，以便于后续的数据处理、分析和利用。

数据解析技术的核心任务是提取数据中的关键信息，并按照预定的规则或格式进行转换。举例来说，对于 HTML 格式的数据，数据解析器可以将其转换为 JSON 或其他结构化格式，使数据更便于被程序处理或人类阅读。

Python 支持正则表达式（re）、XPath、BeautifulSoup 和 JSONPath 等解析技术，具体应用中，根据数据格式及具体需求来选择。以下以 XPath、BeautifulSoup 库为例具体介绍。

12.3.1 XPath 与 LXML 解析库

XPath 即 XML 路径语言，是一种用于在 XML 和 HTML 文档中进行导航和提取数据的查询语言。lxml 是 Python 库，用于解析和提取 HTML 或 XML 格式的数据，它利用 XPath 语法快速定位元素或节点。

在编写代码之前，可以使用 XPath Helper 开发工具在页面中进行 XPath 语法测试，XPath Helper 是一款运行在 Chrome 浏览器的插件，帮助用户更轻松地查找和操作 XML 文档中的数据。它支持 XPath 查询功能，使用户能够轻松快捷地找到目标信息对应的 XPath 节点，获取 XPath 规则，并提取目标信息。XPath Helper 的主要用途包括提供 XPath 表达式测试和调试功能，帮助开发者更好地理解和使用 XPath。

使用之前，需要先在 Chrome 浏览器上添加 XPath Helper 插件。安装成功后，会在右上角位置显示 XPath Helper 图标，单击该图标可以看到浏览器顶部弹出一个 XPath Helper 界面，如图 12-1 所示。

图 12-1 XPath Helper 界面

左侧是编辑区，用于输入路径表达式。输入表达式后，右侧区域中会展示选取的结果，并且会将结果总数目（默认显示的值为 0）显示到 RESULTS 后面的括号里面。以下是一个使用 XPath Helper 开发工具测试的实例。

打开该链接 https://book.douban.com/top250，来到豆瓣读书首页，在该页面中获取页面上方的导航栏文字“购书单、电子图书、豆瓣书店……”，如图 12-2 所示。

图 12-2 豆瓣读书首页

在该页面的“购书单”上方右击，打开快捷菜单，在该菜单中选择“检查”，弹出了带 Elements 的界面，并定位到对应元素源代码的位置，如图 12-3 所示，导航栏文字“购书单、电子图书、豆瓣书店……”内容分别在几个相同结构的<li>标签下的<a>标签中，分析图 12-3 中元素的层次结构后，推断出最终的路径表达式可以为：

```
//div[@ class='nav-items']/ul/li/a/text()
```

```
元素  控制台  源代码/来源  性能数据分析  网络  性能  应用  内存  安全  Lighthouse
▼<div id="db-nav-book" class="nav">
  ▶<div class="nav-wrap">⋯</div>
  ▼<div class="nav-secondary">
    ▼<div class="nav-items">
      ▼<ul>
        ▼<li>
            <a href="https://book.douban.com/cart/">购书单</a> == $0
          </li>
        ▼<li>
            <a href="https://read.douban.com/ebooks/?dcs=book-nav&dcm=douban" target="_blank">电子图书</a>
          </li>
        ▼<li>
            <a href="https://book.douban.com/annual/2023/?fullscreen=1&source=navigation" target="_blank">2023年度榜单
            </a>
          </li>
        ▼<li>
            <a href="https://c9.douban.com/app/standbyme-2023/?autorotate=false&fullscreen=true&hidenav=true&monitor_sc
            reenshot=true&source=web_navigation" target="_blank">2023年度报告</a>
          </li>
        </ul>
      </div>
      <a href="https://book.douban.com/annual/2023/?fullscreen=1&source=book_navigation" class="bookannual"></a>
      ::after
    </div>
  </div>
 ▶<script id="suggResult" type="text/x-jquery-tmpl">⋯</script>
  <script src="//img3.doubanio.com/dae/accounts/resources/78fadc7/book/bundle.js" defer="defer"></script>
 ▶<div id="wrapper">⋯</div>
  <!-- COLLECTED JS -->
  <!-- mako -->
 ▶<script type="text/javascript">⋯</script>
 ▶<script type="text/javascript">⋯</script>
  <!-- dae-web-book--default-bf457f665-88jnh-->
 ▶<div id="search_suggest" style="display: none; top: 78px; left: 174.4px;">⋯</div>
 </body>
</html>
```

图 12-3　豆瓣读书首页

打开 XPath Helper 工具，在左侧的编辑区域中输入上述路径表达式，此时右侧区域中展示了选取的结果，上方的 RESULTS(6) 表示结果数目，如图 12-4 所示。

图 12-4　使用 XPath Helper 工具测试路径表达式

以下是使用 lxml 和 XPath 提取以上内容的参考代码：

```
from lxml import etree
import requests

url="https://book.douban.com/top250"
response=requests.get(url)
html=response.text
tree=etree.HTML(html)
items=tree.xpath('//div[@class='nav-items']/ul/li/a/text()')
print(items)
```

以上示例中，首先使用 requests 库发送 GET 请求，并获取响应结果。将响应结果（网页源代码）通过 etree. HTML( )方法解析为可操作的 HTML 文档树，然后使用 XPath 表达式中的值来选择所有导航栏中对应的文本。

12. 3. 2 BeautifulSoup

BeautifulSoup 库是一个常用的 Python 库，提供了一种简单而灵活的方式来解析、遍历和搜索文档树，可以解析 HTML 和 XML 文档，具有良好的容错性，能够灵活地适应网页的变化。BeautifulSoup 库支持多种解析器，包括 Python 的内置解析器和第三方库（如 lxml 和 html5lib）。它提供了一系列方法和属性来提取节点中的数据，可以使用标签名、属性、CSS 选择器等方式来查找和提取感兴趣的节点与数据，以下是使用 BeautifulSoup 解析 HTML 页面并提取所有标题的示例：

```
from bs4 import BeautifulSoup
import requests

#请求报头
headers={
    "User-Agent":"Mozilla/5.0 (Windows NT 10.0; WOW64) AppleWebKit/537.36
(KHTML,like Gecko) Chrome/51.0.2704.103 Safari/537.36"
}
url=" https://book.douban.com/top250"
response=requests.get(url,headers=headers)

if response.status_code==200:
    html=response.text
    soup=BeautifulSoup(html,"html.parser")

    titles=soup.find('div',class_="global-nav-items").find_all("li")

    for title in titles:
```

```
        print(title.text.strip(),end=" ")
else:
    print("请求失败")
```

在以上示例中，使用 Requests 库发送 GET 请求并获取响应结果。将响应的内容使用 BeautifulSoup( )构造函数创建一个 BeautifulSoup 对象。使用 find( )方法，选择 class 属性值为 “global-nav-items” 的 div 标签，再使用 find_all( )方法选择所有该 div 下的 li 标签，并在 for 循环中使用 text 属性获取其文本内容。运行结果如下：

```
豆瓣 读书 电影 音乐 同城 小组 阅读 FM 时间 豆品
```

12.3.3 JSONPath 与 JSON 库

JSONPath 是一种用于在 JSON 数据中进行导航和提取数据的查询语言。JSON 库是 Python 的内置库，用于处理 JSON 数据。JSON 模块提供了 Python 对象的序列化和反序列化功能。JSON 模块提供了四种方法：dumps、dump、loads、load，用于字符串和 Python 数据类型间进行转换。其中，loads 和 load 方法用于 Python 对象的反序列化，dumps 和 dump 方法用于 Python 对象的序列化。以下是使用 JSON 库从 JSON 数据中提取特定字段的示例：

```
import json

json_data='{"name":"张三","age":19,"city":"扬州"}'
data=json.loads(json_data)

name=data["name"]
age=data["age"]
city=data["city"]

print(name)
print(age)
print(city)
```

在以上示例中，使用 json.loads( )方法将 JSON 字符串解析为 Python 字典。通过字典的键访问相应的值，从而提取 JSON 数据中的特定字段。

12.4 Scrapy 框架

Scrapy 是一个强大的 Python 开源网络爬虫框架，它提供了一套完整的工具和机制，用于快速、高效地构建和部署网络爬虫。Scrapy 框架具有高度的可扩展性和灵活性，能够处理复杂的爬取任务，并支持异步网络请求、数据解析、数据存储等功能。Scrapy 用途广泛，可以用于数据挖掘、监测和自动化测试，信息处理和历史档案等大量应用。

Scrapy 框架由多个组件构成，每个组件都负责处理爬虫的不同方面。以下是 Scrapy 的主要组件。

◇ 引擎（Scrapy Engine）：负责控制数据流在系统中所有组件间的流动，并在相应动作发生时触发事件。

◇ 调度器（Scheduler）：用来接收引擎发过来的请求，压入队列中，并在引擎再次请求的时候返回。可以想象成一个 URL 的优先队列，由它来决定下一个要抓取的网址是什么，同时去除重复的网址。

◇ 下载器（Downloader）：用于下载网页内容，并将网页内容返回给 Scrapy 引擎。下载器是建立在 twisted 这个高效的异步模型上的。

◇ 爬虫（Spiders）：爬虫是主要的干活组件，用于从特定的网页中提取自己需要的信息，即所谓的实体（Item）。用户也可以从中提取出链接，让 Scrapy 继续抓取下一个页面。

◇ 实体管道（Item Pipeline）：负责处理爬虫从网页中抽取的实体，主要的功能是持久化实体、验证实体的有效性、清除不需要的信息。

◇ 下载器中间件（Downloader Middlewares）：位于 Scrapy 引擎和下载器之间的框架，主要是处理 Scrapy 引擎与下载器之间的请求及响应。

◇ 爬虫中间件（Spider Middlewares）：介于 Scrapy 引擎和爬虫之间的框架，主要工作是处理爬虫输入的响应和输出的结果及新的请求。

使用 Scrapy 编写爬虫的一般步骤如下：

1）安装 Scrapy

通过以下命令安装 Scrapy：

```
pip install scrapy
```

2）创建项目

安装好 Scrapy 框架后，可以使用 Scrapy 的命令行工具来创建一个新的 Scrapy 项目。

```
scrapy startproject myproject
```

其中，myproject 是项目名称，这会创建一个名为 myproject 的目录，其中包含 Scrapy 项目的所有必要文件和目录结构。

3）定义爬虫

进入项目目录，创建一个新的爬虫。Scrapy 爬虫是一个 Python 类，它定义了如何从网页中提取数据以及如何进行后续的处理。

```
cd myproject
scrapy genspider myspider example.com
```

执行命令后，将在 spiders 目录下生成一个名为 myspider. py 的文件，可以在其中编写你的爬虫逻辑。

4）编写爬虫逻辑

在 myspider. py 文件中，需要定义你的爬虫类，并指定初始请求（start requests），然后定义如何从响应中提取数据。通常会使用 Scrapy 的选择器（Selectors）来定位 HTML 元素并提取文本或属性。

5）定义实体管道

如果需要持久化抓取的数据，可以定义实体管道（Item Pipeline）。在 myproject/pipelines.py 文件中，可以编写处理爬虫返回的数据的逻辑，比如保存到数据库或文件中。

6）配置项目

在 myproject/settings.py 文件中，可以配置 Scrapy 的各种设置，比如并发请求数、中间件、管道等。

7）运行爬虫

使用 Scrapy 的命令行工具来运行爬虫。

```
scrapy crawl myspider
```

这将会启动 Scrapy 引擎，开始抓取你指定的网页，并按照你在爬虫中定义的逻辑处理响应。

8）查看和保存结果

Scrapy 会将抓取的结果输出到控制台。如果定义了实体管道，那么结果还会按照在管道中定义的逻辑被保存到数据库或文件中。

Scrapy 是一个功能强大且易于使用的网络爬虫框架，它提供了丰富的组件和 API，使用户可以轻松构建高效、可扩展的爬虫系统。无论是初学者还是经验丰富的开发者，都可以利用 Scrapy 框架来快速实现自己的爬虫需求。

任务实现

本任务要求编写一个爬虫，目标是从豆瓣读书网站（地址为 https://book.douban.com/top250）获取豆瓣读书 Top250 书单的图书信息，包括书名、作者、评分等，并将结果保存到文件中。

案例分析：

（1）使用 Python 的 requests 库发起 HTTP 请求，获取豆瓣读书 Top250 的网页源代码。

（2）使用 Python 的 BeautifulSoup 库解析网页源代码，提取书名、作者、评分等信息。

（3）使用 Python 的 CSV 库将提取的信息保存到文件中。

参考代码：

```
import requests
from bs4 import BeautifulSoup
import csv

def get_top250_books():
    url='https://book.douban.com/top250'
    headers={
```

```
        'User-Agent':'Mozilla/5.0 (Windows NT 10.0; Win64; x64) AppleWebKit/
537.36 (KHTML,like Gecko) Chrome/90.0.4430.212 Safari/537.36'
    }
    response=requests.get(url,headers=headers)
    soup=BeautifulSoup(response.text,'html.parser')
    book_list=soup.find('div',class_='indent').find_all('tr',class_='item')

    books=[]
    for book in book_list:
        title=book.find('div',class_='pl2').find('a')['title']
        author_info=book.find('p',class_='pl').get_text().strip().split('/')
        author='/'.join(author_info[:-1])
        rating=book.find('span',class_='rating_nums').get_text()
        books.append({'title':title,'author':author,'rating':rating})
        return books

def save_to_csv(books,filename):
    with open(filename,'w',newline='',encoding='utf-8') as csvfile:
        fieldnames=['title','author','rating']
        writer=csv.DictWriter(csvfile,fieldnames=fieldnames)
        writer.writeheader()
        writer.writerows(books)

if __name__=='__main__':
    for page in range(0,225+1,25):
        url=f'https://book.douban.com/top250?start={page}'
        # print(url)
        books=get_top250_books(url)
        save_to_csv(books,'top250_books.csv')
print('数据保存成功！')
```

代码分析：

（1）get_top250_books 函数用于获取豆瓣读书 Top250 图书一页中信息。它首先发起 HTTP 请求获取网页源代码，然后使用 BeautifulSoup 解析源代码，提取书名、作者和评分等信息，最后将信息保存到一个列表中并返回。

（2）save_to_csv 函数用于将图书信息保存到 CSV 文件中。它使用 Python 的 CSV 库创建一个 CSV 文件，并将图书信息写入文件。

（3）在 if __name__=='__main__' 条件下，首先编写 10 页地址的 for 循环，在循环中调用 get_top250_books 函数获取该页中的图书信息，然后调用 save_to_csv 函数将信息保存到文件中，循环结束后打印出成功保存的提示信息。

运行结果：

程序运行结果如图 12-5 所示。

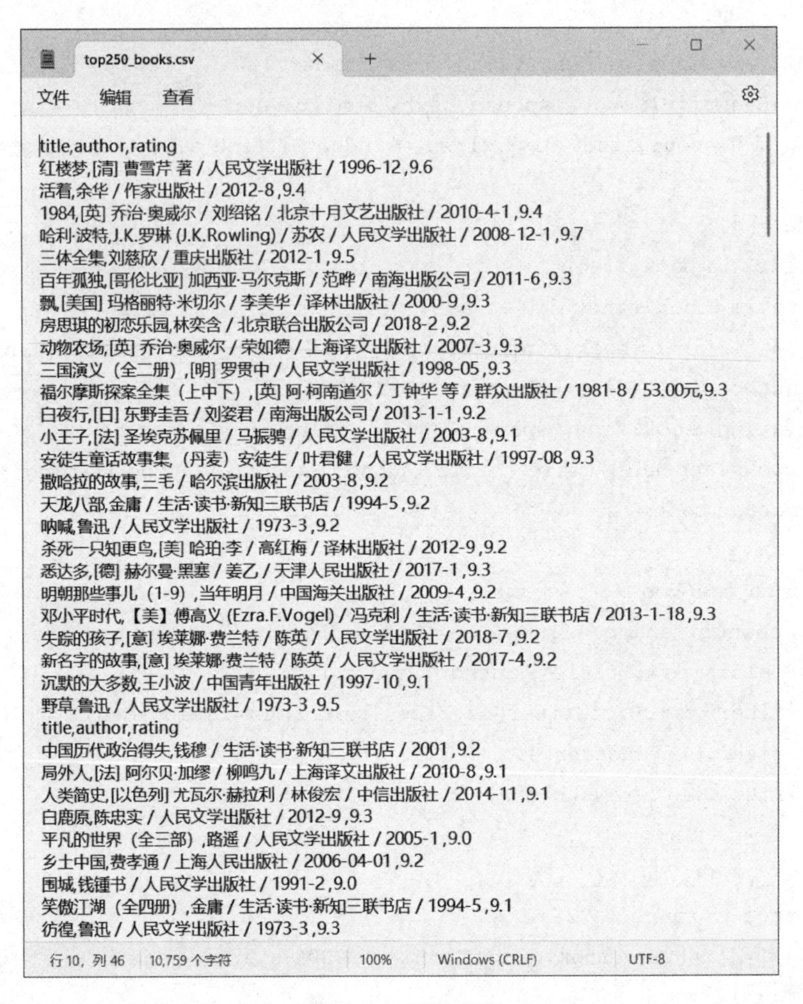

top250_books.csv

文件 编辑 查看

title,author,rating
红楼梦,[清] 曹雪芹 著 / 人民文学出版社 / 1996-12,9.6
活着,余华 / 作家出版社 / 2012-8,9.4
1984,[英] 乔治·奥威尔 / 刘绍铭 / 北京十月文艺出版社 / 2010-4-1,9.4
哈利·波特,J.K.罗琳 (J.K.Rowling) / 苏农 / 人民文学出版社 / 2008-12-1,9.7
三体全集,刘慈欣 / 重庆出版社 / 2012-1,9.5
百年孤独,[哥伦比亚] 加西亚·马尔克斯 / 范晔 / 南海出版公司 / 2011-6,9.3
飘,[美国] 玛格丽特·米切尔 / 李美华 / 译林出版社 / 2000-9,9.3
房思琪的初恋乐园,林奕含 / 北京联合出版公司 / 2018-2,9.2
动物农场,[英] 乔治·奥威尔 / 荣如德 / 上海译文出版社 / 2007-3,9.3
三国演义（全二册）,[明] 罗贯中 / 人民文学出版社 / 1998-05,9.3
福尔摩斯探案全集（上中下）,[英] 阿·柯南道尔 / 丁钟华 等 / 群众出版社 / 1981-8 / 53.00元,9.3
白夜行,[日] 东野圭吾 / 刘姿君 / 南海出版公司 / 2013-1-1,9.2
小王子,[法] 圣埃克苏佩里 / 马振骋 / 人民文学出版社 / 2003-8,9.1
安徒生童话故事集,（丹麦）安徒生 / 叶君健 / 人民文学出版社 / 1997-08,9.3
撒哈拉的故事,三毛 / 哈尔滨出版社 / 2003-8,9.2
天龙八部,金庸 / 生活·读书·新知三联书店 / 1994-5,9.2
呐喊,鲁迅 / 人民文学出版社 / 1973-3,9.2
杀死一只知更鸟,[美] 哈珀·李 / 高红梅 / 译林出版社 / 2012-9,9.2
悉达多,[德] 赫尔曼·黑塞 / 姜乙 / 天津人民出版社 / 2017-1,9.3
明朝那些事儿（1-9）,当年明月 / 中国海关出版社 / 2009-4,9.2
邓小平时代,【美】傅高义 (Ezra.F.Vogel) / 冯克利 / 生活·读书·新知三联书店 / 2013-1-18,9.3
失踪的孩子,[意] 埃莱娜·费兰特 / 陈英 / 人民文学出版社 / 2018-7,9.2
新名字的故事,[意] 埃莱娜·费兰特 / 陈英 / 人民文学出版社 / 2017-4,9.2
沉默的大多数,王小波 / 中国青年出版社 / 1997-10,9.1
野草,鲁迅 / 人民文学出版社 / 1973-3,9.5
title,author,rating
中国历代政治得失,钱穆 / 生活·读书·新知三联书店 / 2001,9.2
局外人,[法] 阿尔贝·加缪 / 柳鸣九 / 上海译文出版社 / 2010-8,9.1
人类简史,[以色列] 尤瓦尔·赫拉利 / 林俊宏 / 中信出版社 / 2014-11,9.1
白鹿原,陈忠实 / 人民文学出版社 / 2012-9,9.3
平凡的世界（全三部）,路遥 / 人民文学出版社 / 2005-1,9.0
乡土中国,费孝通 / 上海人民出版社 / 2006-04-01,9.2
围城,钱锺书 / 人民文学出版社 / 1991-2,9.0
笑傲江湖（全四册）,金庸 / 生活·读书·新知三联书店 / 1994-5,9.1
彷徨,鲁迅 / 人民文学出版社 / 1973-3,9.3

行 10，列 46 | 10,759 个字符 | 100% | Windows (CRLF) | UTF-8

图 12-5 运行结果

成功运行该代码后，会在当前目录下生成一个名为 top250_books. csv 的文件，其中包含了豆瓣读书 Top250 图书的书名、作者和评分信息，以上是文件中的部分内容。

拓展案例 宋词三百首诗文信息爬虫

本次任务的目标是编写一个 Scrapy 爬虫，用于爬取古诗文网（gushiwen. cn）上的宋词三百首的诗词内容。在古诗文网首页单击右上方的“宋词三百首”链接，进入宋词三百首页面，页面地址为 https://so. gushiwen. cn/gushi/songsan. aspx，如图 12-6 所示。

案例要求爬虫能够自动从该页面遍历所有宋词列表页面，并进入每一个诗文的详情页面，如图 12-7 所示。在详情页面中抓取诗文的标题、作者以及内容。

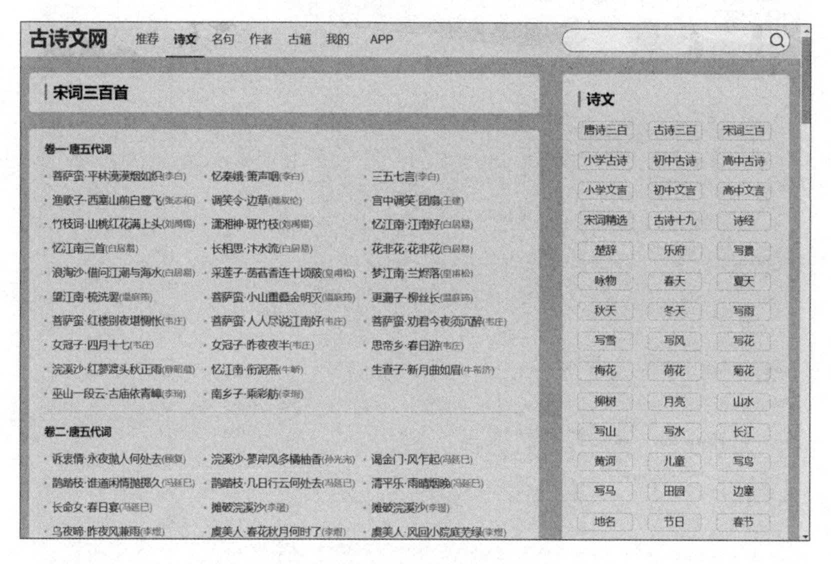

图 12-6　古诗文网首页

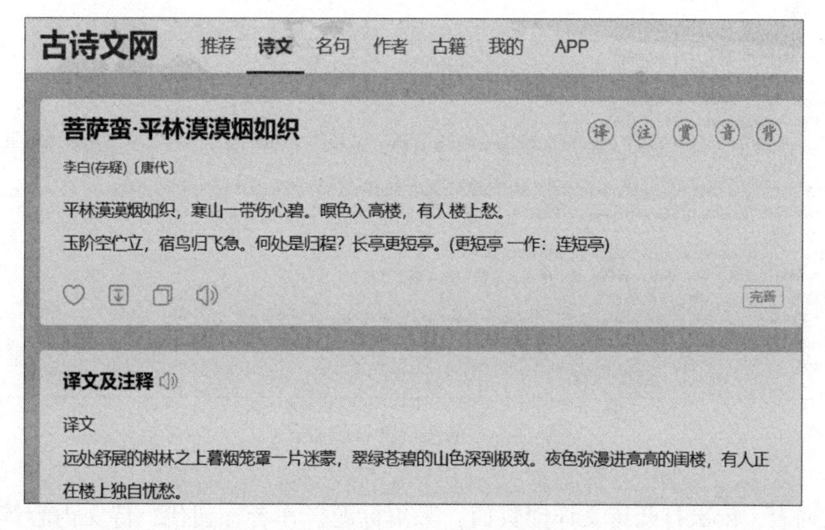

图 12-7　宋词诗文详情页面

案例分析：

本任务首先需要分析宋词三百首的页面结构，找出每首诗的详情页面的 url 地址，详情页面如图 12-8 所示，案例目标是在该页面中获取诗文的标题、作者、朝代、诗文内容等信息。

在如图 12-9 所示的界面查看网页源代码，可以发现，每一卷的诗词都在一个<div class = "typecont">标签中，而每一个诗文的详情页面的 url 地址都在 span 标签下的第一个 a 标签中，可以通过 XPath 解析，"// div[@ class = ' sons']// div[@ class = ' typecont']//a//@ href"，获取所有诗文的详情页面地址保存在列表 detail_urls 中。

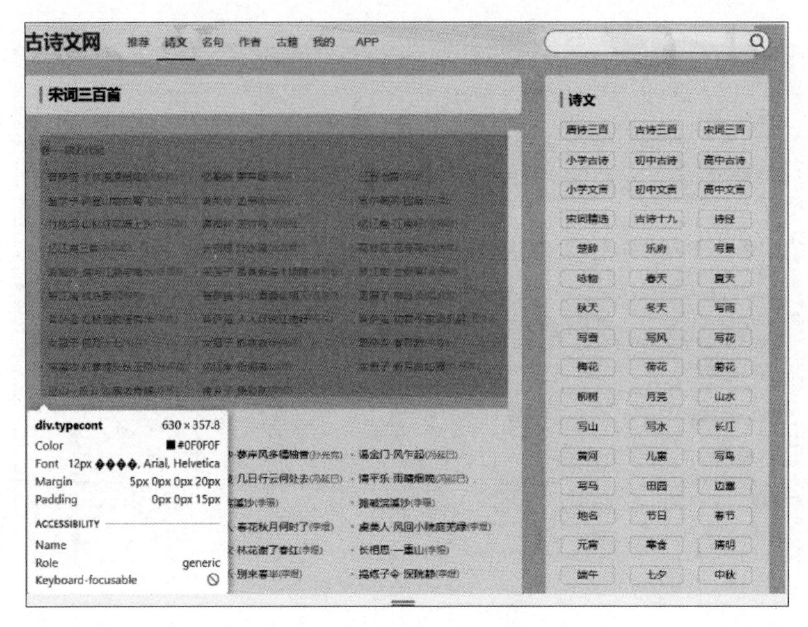

图 12-8 宋词诗文详情页面

```
▼<div class="sons" id="sonsyuanwen">
  ▼<div class="cont">
    ▶<div class="yizhu">⋯</div>
    ▼<div id="zhengwenf4c976914347">
       <h1 style="font-size:20px; line-height:22px; height:22px; margin-bottom:10px;">菩萨蛮·平林漠漠烟如织</h1> == $0
      ▼<p class="source">
         <a href="/shiwens/default.aspx?astr=%e6%9d%8e%e7%99%bd(%e5%ad%98%e7%96%91)"> 李白(存疑)</a>
         <a href="https://so.gushiwen.cn/shiwens/default.aspx?cstr=%e5%94%90%e4%bb%a3">〔唐代〕</a>
       </p>
      ▼<div class="contson" id="contsonf4c976914347">
         " 平林漠漠烟如织，寒山一带伤心碧。暝色入高楼，有人楼上愁。"
         <br>
         "玉阶空伫立，宿鸟归飞急。何处是归程？长亭更短亭。(更短亭 一作：连短亭) "
       </div>
     </div>
   </div>
```

图 12-9 宋词诗文详情源代码

遍历该列表，依次打开诗文详情页面，采集标题、作者、朝代、诗文内容等详细信息。分析页面结构，可以从每个标签获取以上信息。

参考代码：

```
import requests
from lxml import etree

headers={
    'User-Agent':'Mozilla/5.0 (Windows NT 10.0; Win64; x64) AppleWebKit/537.36 (KHTML,like Gecko) Chrome/96.0.4664.45 Safari/537.36'
}
```

```
def get_poem_detail_urls(url):
    response=requests.get(url,headers=headers)
    response.raise_for_status()
    html=response.text
    root=etree.HTML(html)
    divs=root.xpath("//div[@class='sons']//div[@class='typecont']//a//@href")
    detail_urls=['https://so.gushiwen.cn/'+div for div in divs]
    return detail_urls

def parse_poem_detail(url):
    response=requests.get(url,headers=headers)
    response.raise_for_status()
    html=response.text
    root=etree.HTML(html)
    title=root.xpath('//div[@id="sonsyuanwen"]//div[@class="cont"]//div[2]//h1//text()')[0].strip()
    author=root.xpath('//div[@id="sonsyuanwen"]//div[@class="cont"]//div[2]//p//a[1]//text()')
    author=author[0].strip() if author else "Unknown"
    dynasty=root.xpath('//div[@id="sonsyuanwen"]//div[@class="cont"]//div[2]//p//a[2]//text()')[0]
    content="".join(root.xpath('//div[@id="sonsyuanwen"]//div[@class="cont"]//div[2]//div//text()')).strip()
    print(f"Parsing poem:{title}")
    with open('song_poems02.txt','a',encoding='utf-8') as f:
        f.write(f"《{title}》\n")
        f.write(f"作者:{author}\n")
        f.write(f"朝代:{dynasty}\n")
        f.write(f"{content}\n\n")

def main():
    url='https://so.gushiwen.cn/gushi/songsan.aspx'
    detail_urls=get_poem_detail_urls(url)
    for detail_url in detail_urls:
        parse_poem_detail(detail_url)

if __name__=='__main__':
    main()
```

代码分析：

（1）get_poem_detail_urls 函数主要是获取诗词详情页面的 URL 地址，使用 lxml 的 etree 模块解析 HTML 内容，并通过 XPath 表达式定位到包含诗词详情页 URL 的 a 标签。

（2）parse_poem_detail 函数负责解析诗词详情页面，提取诗词的标题、作者、朝代和内容，同样，使用 XPath 表达式定位元素。诗词信息提取成功后，保存 song_poems. txt 到文件中。

（3）使用 try-except 结构来处理可能发生的异常。

（4）代码开头配置了日志记录的基本设置，包括日志级别和格式。这有助于在程序运行时追踪和调试信息。

运行结果：

程序运行结果如图 12-10 所示。

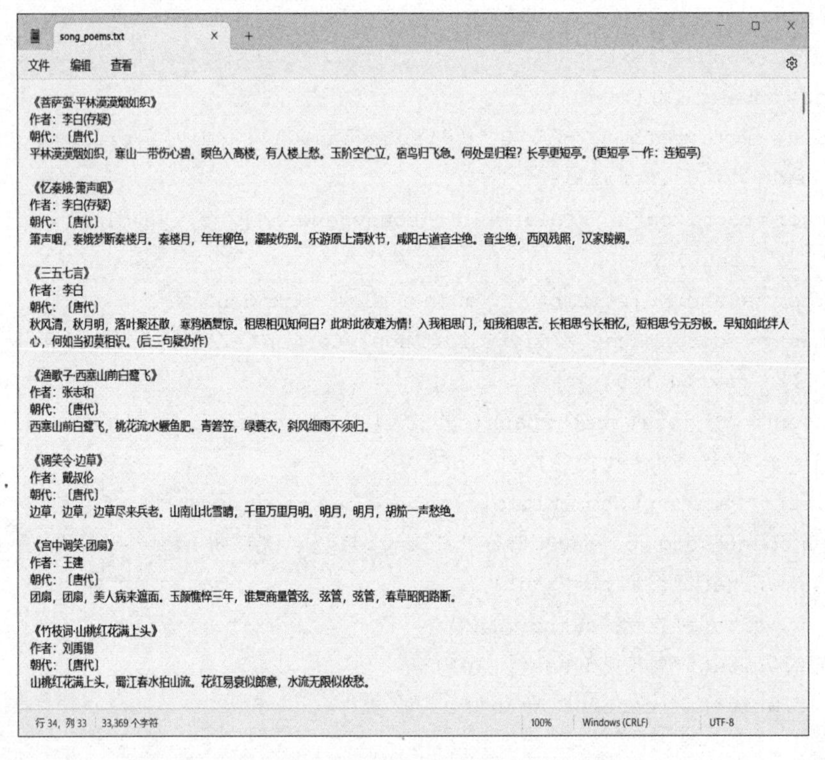

图 12-10　拓展案例运行结果

任务总结

本任务通过编写网络爬虫程序，成功爬取了豆瓣读书 Top250 的书单数据。学生掌握了网络爬虫的基本工作原理和合法性要求，学会了使用 requests 库发送 HTTP 请求、使用数据解析工具提取网页数据，并了解了 Scrapy 框架的基本使用。任务实践增强了学生的数据获取和处理能力。

任务评价

- 能够编写 Python 爬虫程序抓取网页数据，并将数据存储到本地文件中，提升了数据获取和处理的实际能力。
- 通过任务实践，能够理解数据获取的合法性和伦理问题，加深了对网络数据利用的法律意识和社会责任感。
- 面对网页结构变化等挑战，学生能够灵活调整爬虫策略，确保数据的准确获取。
- 充分了解了网络爬虫的合法性要求，在任务实践中严格遵守相关规定，展现了良好的法律意识和道德素养。

课后习题

一、选择题

1. 网络爬虫的基本工作原理是（　　）。

A. 收集网页数据并存储到数据库

B. 模拟浏览器访问并抓取网页内容

C. 通过电子邮件发送网页链接

D. 将网页内容转换为 PDF 文件

2. requests 库在 Python 中主要用于（　　）。

A. 数据库操作　　B. 网页内容抓取

C. 数据可视化　　D. 机器学习

3. 下列（　　）不是数据解析技术。

A. 使用正则表达式　　B. 使用 BeautifulSoup

C. 使用 XPath　　D. 使用 scikit-learn

4. Scrapy 是一个（　　）类型的库。

A. 机器学习库　　B. 数据库管理库

C. 网络爬虫框架　　D. 图像处理库

5. 使用 requests 库发送 GET 请求时，通常需要指定（　　）参数来传递 URL。

A. url　　B. data　　C. params　　D. headers

6. 在 Scrapy 框架中，用于处理和输出爬取数据的组件是（　　）。

A. 爬虫（Spider）　　B. 调度器（Scheduler）

C. 项目管道（Item Pipeline）　　D. 下载器（Downloader）

二、思考题

1. 讨论网络爬虫在数据收集中的重要作用及其潜在的伦理和法律问题。

2. 思考数据解析技术在网络爬虫中的重要性，并讨论不同解析技术的选择依据。

三、实践题

1. 使用 Requests 库编写一个 Python 程序，抓取指定网页的 HTML 内容并打印。

2. 使用 BeautifulSoup 编写一个 Python 程序，解析上一题中获取的 HTML 内容，提取并打印网页的标题。

3. 设计并实现一个简单的网络爬虫，使用 Scrapy 框架抓取一个新闻网站的标题和链接。

4. 编写一个 Python 程序，使用正则表达式从网页源代码中提取所有的电子邮件地址。